Sargul Ahmed
Ikbal Muhammed-Gharib

Estudos fisiológicos sobre Delbergia sissoo (Roxb.)

AF665172

Sargul Ahmed
Ikbal Muhammed-Gharib

Estudos fisiológicos sobre Delbergia sissoo (Roxb.)

Alguma eficácia, interação da aplicação foliar de Zn e textura do solo na produção de plântulas de Dalbergia sissoo (Roxb)

ScienciaScripts

Imprint

Any brand names and product names mentioned in this book are subject to trademark, brand or patent protection and are trademarks or registered trademarks of their respective holders. The use of brand names, product names, common names, trade names, product descriptions etc. even without a particular marking in this work is in no way to be construed to mean that such names may be regarded as unrestricted in respect of trademark and brand protection legislation and could thus be used by anyone.

Cover image: www.ingimage.com

This book is a translation from the original published under ISBN 978-3-659-82168-4.

Publisher:
Sciencia Scripts
is a trademark of
Dodo Books Indian Ocean Ltd. and OmniScriptum S.R.L publishing group

120 High Road, East Finchley, London, N2 9ED, United Kingdom
Str. Armeneasca 28/1, office 1, Chisinau MD-2012, Republic of Moldova, Europe
Printed at: see last page
ISBN: 978-620-8-33655-4

Copyright © Sargul Ahmed, Ikbal Muhammed-Gharib
Copyright © 2024 Dodo Books Indian Ocean Ltd. and OmniScriptum S.R.L publishing group

Dedicação

PARA:

Meus queridos pais com o meu respeito

My brothers and sisters with my love

Os meus amigos com os meus melhores votos
Aqueles que me ensinaram

Sargul

Resumo

Este estudo foi realizado num campo aberto na cidade de Koya de 1 de março de 2012 a 1 de outubro de 2012 e incluiu três experiências: O primeiro experimento foi realizado usando o Randomized Complete Block Design (RCBD) como experimento fatorial com três replicações para estudar o efeito de três épocas de semeadura (15 de março, 15 de abril e 15 de maio) e seis pré-tratamentos na germinação de sementes de *Dalbergia sissoo* (Roxb.). Os pré-tratamentos foram (controlo (vagens não tratadas), imersão das vagens em água normal durante 24 horas, corte de um lado da vagem, corte de um lado da vagem com imersão em água normal durante 24 horas, corte de ambos os lados da vagem e corte de ambos os lados da vagem com imersão em água normal durante 24 horas). Esta experiência mostra que a melhor altura de sementeira para a germinação de sementes de *D. sissoo* foi 15 de abril. No entanto, os resultados revelaram que a percentagem de germinação das sementes pré-tratadas aumentou significativamente em comparação com as do tratamento de controlo (12,67%), tendo a percentagem de germinação mais elevada sido (31,33%) encontrada no tratamento com o corte de ambos os lados da vagem com imersão em água normal durante 24 horas e sementeira a 15 de abril.

O segundo experimento foi feito com o uso de um projeto de blocos completos aleatórios (RCBD) com três repetições para estudar o efeito de três texturas de solo para transplante (argiloso, arenoso e argilo-arenoso (1:1)) na porcentagem de sobrevivência das mudas e em algumas caraterísticas de crescimento. Os resultados indicam que *o D.sissoo* deu melhor percentagem de sobrevivência das plântulas, número de folhas das plântulas e altura das plântulas em (solos arenosos e argilosos) em comparação com o solo argiloso.

A terceira experiência foi realizada através de um esquema fatorial de blocos completos aleatórios (RCBD) com três repetições para estudar o efeito da aplicação foliar de três concentrações de zinco (0, 57 e 114 ppm) em plantas *de D. sissoo* que crescem em solos argilosos, arenosos e areno-argilosos (1:1). A aplicação foliar de zinco causou um aumento significativo na maioria das caraterísticas de crescimento vegetativo. Os tratamentos aumentaram significativamente os nutrientes das folhas: P, S e Zn em comparação com o controlo. Dos tratamentos de interação, os resultados mais promissores foram obtidos a partir de plântulas pulverizadas com Zinco em solo argilo-arenoso combinado com 114 ppm para a concentração de Zn e a mesma textura de solo com 57 ppm de Zn para o sulfato total.

ÍNDICE DE CONTEÚDOS

Lista de abreviaturas:

- Farm Yard Manure ....FYM
- Germination Percent ....GP
- Leaf Area Index...LAI
- Gibberellic Acid GA3
- Ethylene Diamine Tetracetic Acid..EDTA
- Sulfuric acid ....H_2SO_4
- Hydrogen peroxide ....H_2O_2
- Nitric acid ....HNO_3
- Perchloric acid .... $HClO_4$
- Zinc sulphate ....$ZnSO_4$
- Zinc ....Zn
- Rotations per Minute ....RPM
- Optical Density ....OD
- Above Sea Level ....ASL

1. Introdução

A Dalbergia sissoo (Roxb.) pertence à família Fabaceae, sub-família Faboideae (Saha et al., 2013). É também designada por sissoo, sisu, shisham, tahli e por vezes referida como pau-rosa indiano. Em persa, chama-se Jag. Os seus nomes em inglês são blackwood, sissoo. O seu nome árabe é dalbergia, sissoo. O seu nome comercial é sissoo, shisham (Orwa, *et al.*, 2009 e Mukerjee, *et al.*, 1971).

Cresce ao longo das margens dos rios a menos de 900 metros de altitude, mas pode atingir naturalmente até 1500 m acima do nível do mar. A temperatura na sua área de origem é, em média, de 10 - 40 °C, mas varia entre pouco abaixo de zero e quase 50 °C. Pode suportar precipitações médias anuais até 2000 milímetros e secas de 3 a 4 meses. Cresce melhor em solos porosos e bem drenados, como areias, franco-arenosos, cascalhos e solos aluviais, mas dá-se mal em solos argilosos pesados e encharcados. A Shisham pode crescer em solos ligeiramente salinos. As plântulas são intolerantes à sombra, tolerantes a geadas ligeiras e a estações secas longas, esta espécie merece maior consideração para aplicações de arboricultura, reflorestação e agroflorestação (Bharath, *et al.*, 2013 e Shaltout e Keshta, 2011). A área de distribuição natural é o sopé dos Himalaias, desde o Afeganistão oriental, passando pelo Paquistão e pela Índia, até ao Nepal, formando florestas, puras ou misturadas com outras espécies (Joker, 2002).

A Dalbergia sissoo é uma árvore perene a semi-perene com uma copa leve que se reproduz por sementes e rebentos. Pode atingir um máximo de 25 m de altura e os troncos são frequentemente tortuosos. As folhas são coriáceas, alternas, compostas pinadas e com cerca de 15 cm de comprimento. As flores são bissexuais, pequenas, de cor branco-amarelada, nascem em panículas axilares, quase sésseis, com 1 cm de comprimento e em cachos densos de 5-10 cm de comprimento.
(http://www.public.asu.dalbergiasissoo.html; Lal e Singh, 2012 e Dhakal, 2008), as vagens são oblongas, planas, finas, em forma de tira, com 5 a 7,5 cm de comprimento, 1 cm de largura e castanho claro. Contêm 1 a 4 grãos achatados. Existem 1-4 sementes / vagem. (Saini e Sharma, 2012 e Shaltout, *et al.*, 2011). As sementes são em forma de rim, com 8-10 mm de comprimento, 4-5,5 mm de largura, castanho claro a quase preto, planas e com testa fina. Existem 40000-55000 sementes por kg (Dhakal, 2008).

A Dalbergia sissoo é uma das espécies polivalentes mais comuns, valorizada pela sua madeira, que permite fabricar armários e móveis de primeira qualidade. É utilizada em contraplacados, instrumentos agrícolas e musicais, esculturas, barcos, etc. A madeira é utilizada como combustível e fonte de carvão, e o óleo de madeira é utilizado como lubrificante para maquinaria pesada. É a árvore de madeira cultivada mais importante da Índia. As folhas, os rebentos jovens e as vagens verdes são uma importante fonte de forragem. *A D. sissoo* é muito utilizada em plantações urbanas e à beira de estradas, pois o seu hábito de desenvolver raízes e estolhos torna-a útil para o controlo da erosão. É também utilizada como quebra-vento em plantações de manga, café e chá. Estas culturas que adoram a sombra também beneficiam da melhoria da fertilidade do solo sob *D. sissoo.* As plantas *de*

D. sissoo são uma das fontes importantes de medicamentos. O óleo obtido a partir das sementes é utilizado para curar doenças de pele. A madeira em pó, aplicada externamente como uma pasta, é alegadamente utilizada para tratar a lepra e doenças de pele. As raízes contêm tectoridina, que é utilizada medicinalmente (Lal e Singh, 2012; Shaltout e Keshta, 2011 e Orwa, *et al.*, 2009).

Devido à dureza das sementes de *D. sissoo*, foram efectuados muitos estudos para acelerar a germinação e aumentar a percentagem de germinação. Um exemplo destes tratamentos consiste em partir a vagem da semente em vários pedaços, cada um contendo 1-2 sementes. Colocar as vagens de molho em água à temperatura ambiente durante pelo menos 24 horas antes da sementeira (Singh e Kaushik, 2011 e Sheikh, *et al.*, 2006). O meio do solo é um dos factores mais importantes que afectam a germinação das sementes e o subsequente crescimento das plântulas. A germinação das sementes de *Dalbergia sissoo* e o crescimento das plântulas são afectados por diferentes meios de solo, como solos argilosos, arenosos, areno-argilosos e siltosos (Singh e Kaushik, 2011 e Sah, *et al.*, 2003).

Conhecer os nutrientes necessários para o crescimento das plantas é apenas um dos aspectos de uma produção agrícola bem sucedida. Um rendimento ótimo requer também o conhecimento da taxa a aplicar, do método e do tempo de aplicação, da fonte de nutrientes a utilizar e da forma como os elementos são influenciados pelas condições do solo e do clima. Sabe-se que o zinco tem um papel importante quer como componente metálico de enzimas quer como fator funcional, estrutural ou regulador de um grande número de enzimas. O enxofre é um componente essencial na síntese de aminoácidos necessários para o fabrico de proteínas (Tucker, 1999).

Devido à falta de informação sobre as árvores *D.sissoo* e para aumentar este tipo de árvores em diferentes regiões da nova província do Curdistão, realizámos este estudo e os nossos objectivos eram determinar

1- A época mais adequada para a sementeira.
2- O melhor pré-tratamento para sementes de vagem, devido à dureza das sementes de vagem que não se separam facilmente das sementes, o que afecta negativamente a germinação das sementes.
3- O solo de cultivo mais adequado para o melhor crescimento das plântulas.
4- O efeito da pulverização foliar de zinco em diferentes concentrações sobre o crescimento e algumas caraterísticas fisiológicas da muda.

2. Revisão da literatura

2.1 Efeito da época de sementeira e de alguns pré-tratamentos na germinação de sementes de *Dalbergia sissoo* (Roxb.)

No seu estudo, Sheikh e Abdul Matin (2007) mostraram que a germinação das sementes de *Dalbergia sissoo* (Roxb.) e o desempenho do crescimento das plântulas da espécie foram estudados no viveiro, tendo sido encontrada a percentagem de germinação mais elevada no solo com mistura de estrume de vaca (59-68%) e sem sementes revestidas (61-70%) em todas as condições. A taxa de germinação foi baixa em solo limpo (55-61%). O período de germinação necessário foi muito curto nas sementes sem revestimento (3-6 dias) em relação às sementes revestidas (14-15 dias) em todas as condições. Singh e Kaushik (2011) estudaram o efeito de diferentes meios de solo no parâmetro de crescimento de quatro espécies de leguminosas arbóreas em condições de estufa e viveiro: *Acacia nilotica, Dalbergia sissoo, Prosopis cineraria* e *Albizia lebbek*. As sementes de *Acacia nilotica* foram submetidas a um tratamento com água quente, enquanto as de *Prosopis cineraria, Albizia lebbek* e *Dalbergia sissoo* foram embebidas em água durante 24 horas à temperatura ambiente antes da sementeira. Os dados relativos aos parâmetros de crescimento foram registados 120 dias após a sementeira. Uma mistura de areia: FYM: solo numa proporção de 1:1:2 ou 1:1:1 foi considerada favorável para um maior peso de raízes e rebentos em *Acacia nilotica, Dalbergia sissoo* e *Albizia lebbek.*

Sheikh, *et al.* (2006) estudaram as caraterísticas morfológicas dos frutos e das sementes, a germinação das sementes e o desempenho do crescimento das plântulas da espécie *D. sissoo* no viveiro. O desempenho do crescimento das plântulas mostrou uma boa relação com as variações sazonais. O crescimento em altura e diâmetro mostrou um aumento acentuado na estação húmida e continua até à estação semi-seca. O solo com mistura de estrume de vaca teve um melhor crescimento (altura e diâmetro) do que o solo limpo, e as sementes sem revestimento tiveram um crescimento inferior ao das plântulas com revestimento. A produção de folhas também mostrou a mesma tendência com variação sazonal.

Hamad (2010) demonstrou que as sementes de *Acacia farnesiana, Albizia lebbeck, Gleditsia triacanthos e Robinia psudoacacia* foram tratadas da seguinte forma (controlo (T1), imersão em água fervida e depois deixadas durante 24 horas (T_2), imersão em água normal durante 24 horas (T3), imersão em água fervida durante 3-5 minutos e depois colocadas em água normal durante 24 horas (T4). Estas sementes foram semeadas no outono (30/10) e na primavera (29/3), respetivamente. A melhor percentagem de germinação das sementes *de Acacia farnesiana* foi (95%) para as sementes tratadas com T2 em estufa de plástico na estação da primavera. A maior percentagem *de germinação de Albizia lebbeck* (21,3%) foi obtida em sementes T_4 que foram semeadas em casa de plástico na estação da primavera. As sementes *de Gleditsia triacanthos* tratadas com T3 aumentaram a percentagem de germinação para 73,67% quando foram semeadas em casa de plástico na primavera. A melhor percentagem de germinação para as sementes *de Robinia psudoacacia* foi de 86% para as sementes tratadas com T_2 em casa de plástico na primavera. Obteve-se uma maior percentagem de germinação *de Albizia lebbeck* (21,3%) com sementes T_4 semeadas em casa de plástico no outono. O investigador também verificou que as plântulas produzidas em casa de plástico no outono e transplantadas para um meio composto por areia argilosa e areia (2:1)+fertilizado com NPK por 0,25g de plântula deram o melhor crescimento vegetativo e radicular para todas as espécies estudadas.

Azad, *et al.* (2010) realizaram uma experiência de germinação com sementes maduras de *Melia azedarach* tratadas com cinco tratamentos de pré-sementeira (controlo, imersão em água fria, imersão em água quente, escarificação com papel de areia e imersão em $H_2 SO_4$ concentrado). Os resultados revelaram que as taxas de germinação das sementes tratadas antes da sementeira aumentaram significativamente em comparação com as do controlo, exceto no caso do tratamento com água fria. O maior sucesso de germinação (80%) foi encontrado na escarificação com papel de areia, seguido de 74% e 69% na imersão em $H_2 SO_4$ e tratamento com água quente, respetivamente. A germinação começou aos 8-11 dias e terminou aos 20-21 dias do período de germinação em todos os casos. A análise de variância mostrou a diferença significativa no sucesso da germinação entre os tratamentos, mas nenhuma diferença significativa no período de germinação entre os tratamentos.

Azad, *et al.* (2011) estudaram a morfologia das sementes, a germinação e o crescimento das plântulas de *Acacia auriculiformis*. As sementes maduras da espécie foram recolhidas de árvores saudáveis e tratadas com cinco tratamentos pré-sementeira (controlo, imersão em água fria, imersão em água quente, escarificação com papel de areia e imersão em $H_2 SO_4$ concentrado). A germinação foi efectuada em sacos de plástico com uma mistura de solo superficial, casca de coco, areia grossa e areia fina numa proporção de 3:4:1:1. Os resultados revelam que os tratamentos de pré-sementeira influenciam as taxas de germinação das sementes que aumentaram significativamente a percentagem de germinação em comparação com as do tratamento de controlo (43%) e de água fria (52%). A taxa de sucesso de germinação mais elevada (83%) foi encontrada no tratamento com água quente, seguida de 78% na escarificação com papel de areia e 75% com imersão em $H_2 SO_4$. Os resultados mostraram a diferença significativa ($p<0,05$) entre os tratamentos na germinação das sementes. No caso do crescimento em altura e diâmetro, as plântulas originadas das sementes com tratamento de água quente mostram-se significativamente mais altas na estação húmida (de maio a julho). Em estudos realizados por Azad, *et al.* (2012) foi realizada uma experiência em morfologia de sementes e técnicas de germinação de sementes de *Albizia procera* no viveiro, a fim de estudar os efeitos do tratamento pré-semeadura na germinação de sementes. Sementes maduras de *A. procera* foram colhidas de árvores saudáveis e tratadas com quatro tratamentos de pré-sementeira, (controlo, imersão em água fria (4°C durante 24 h) e imersão em água quente (80°C durante 10 min e 100°C durante 1 min). A germinação foi conduzida em sacos de polietileno com uma mistura de solo superficial e estrume de vaca numa proporção de 3:1. Os resultados revelaram que os tratamentos pré-sementeira afectaram a taxa de germinação das sementes, o que aumentou significativamente as percentagens de germinação das sementes nos tratamentos com água quente em comparação com as do controlo (60,60%) e do tratamento com água fria (63,53%). O maior sucesso germinativo foi de 82,07% no tratamento de imersão em água quente (80°C) por 10 min, seguido de 79,00% na imersão em água quente (100°C) por 1 min. A germinação iniciou-se 4 a 6 dias após a sementeira das sementes e completou-se num período de 22 a 25 dias em todos os tratamentos.

Aref, *et al.* (2011) observaram os efeitos do tratamento de pré-sementeira de sementes em espécies *de Acacia* (percentagem de germinação). O tratamento pré-sementeira incluiu a imersão em ácido sulfúrico concentrado durante 5, 10 e 15 minutos; a imersão em água quente durante 2, 4 e 6 minutos; a abrasão do revestimento da semente e o controlo. As experiências foram realizadas em placas de Petri contendo papéis de filtro humedecidos e incubadas numa câmara de crescimento. A escarificação (abrasão ácida e mecânica) resultou na melhor percentagem de germinação (PG). A água quente também proporcionou uma boa germinação.

2.2 Efeito de diferentes texturas de solo na mortalidade de plântulas e em algumas caraterísticas de crescimento vegetativo.

Khan, *et al.* (2004) efectuaram um estudo sobre plântulas de *Dalbergia sissoo* e outras dez leguminosas arbóreas polivalentes cultivadas em sacos de polietileno contendo o solo de solos de colinas no Bangladesh. O estudo foi efectuado para avaliar comparativamente a germinação, o crescimento e os pigmentos das folhas. As plântulas de *D. sissoo* deram 52%, 26,7 cm, 21,1 cm, 1,5 g, 0,5 g, 39,4 mg/L e 13,6 mg/L para a germinação, o comprimento do rebento, o comprimento da raiz, o peso seco do rebento, o peso seco da raiz, o teor de clorofila a e clorofila b, respetivamente. Outro estudo foi efectuado por Sah, *et al.* (2002) sobre o *sissoo* (*Dalbergia sissoo*, Roxb.) em Terai - Nepal, a uma altitude de 1000 m. Este estudo compara o estado nutricional de uma floresta de sissoo natural e saudável com uma floresta de sissoo de plantação em declínio. É evidente, a partir deste estudo, que ambos os povoamentos não diferem significativamente no que respeita aos nutrientes do solo e das plantas. Concluiu-se, portanto, que o encharcamento do solo foi o principal fator responsável pelo declínio da floresta de sissoo plantada.

Webb e Hossain (2000) constataram que os parâmetros do solo (textura, pH, matéria orgânica, teor de areia, silte ou argila) não tinham qualquer correlação com a mortalidade do sissoo, ao passo que a densidade de plantação e a percentagem do total de árvores da plantação que eram sissoo estavam forte e positivamente correlacionadas com a percentagem da população de sissoo que morria ou morria de doença. Vishnoi, *et al.* (2010) trabalharam para determinar as condições adequadas do solo para o crescimento da planta medicinal *Terminalia arjuna.* As sementes de *Terminalia arjuna* foram semeadas em duas proporções de areia e solo (80 areia: 20 solo normal, 40 areia: 60 solo normal e uma condição de controlo (solo normal)). Os resultados mostraram que a biomassa da raiz na condição de controlo foi mais elevada (2,74 g) do que nos outros dois tipos de rácio de solo (1,63 g para 80:20 e 1,44 g para 40:60). Observou-se que a biomassa do caule na proporção de solo 40:60 foi mais elevada (2,87 g) do que nas outras duas proporções de solo (2,45 g e 2,42 g). O comprimento total da planta foi mais elevado (141,8 cm) durante a estação das chuvas, seguido do verão (74,8 cm) e do inverno (43,5 cm). O comprimento da raiz da planta foi mais elevado (66,0 cm) na estação das chuvas e mínimo (25,5 cm) na estação do inverno.

Sah, *et al.* (2003) trabalharam na avaliação das variações espaciais das caraterísticas físicas do solo numa plantação de *Dalbergia sissoo* com 6 anos de idade no Nepal. O pH da camada superior do solo variava entre 4,5 e 5,5, mas esta diferença não era estatisticamente significativa. A textura do solo variava entre argilosa e franco-argilosa no solo superficial, ao passo que no subsolo era franco-siltosa. Não foram encontradas variações significativas entre as parcelas familiares no que respeita à textura do solo e ao pH (camada superior do solo). O crescimento de *D. sissoo*, nesta parcela, variou significativamente, indo de 2,5 m a 13 m. O presente estudo conclui que a variação no crescimento das árvores nas parcelas se deveu ao encharcamento dessas parcelas. As parcelas com encharcamento têm um teor de argila muito superior ao das outras parcelas. Além disso, as parcelas com solos arenosos apresentam um crescimento normal das árvores na maioria das parcelas. Mazhar, *et al.* (2010) realizaram um estudo no Egito para estudar a influência de alguns meios de solo (areia, argila e areia + argila) sob diferentes regimes hídricos (500, 1000, 1500 e 2000 cm^3 /pot) no crescimento e nos constituintes químicos de *Jatropha curcas* L. Os resultados mostraram que a altura da planta, o diâmetro do caule, o número de folhas/planta, a área foliar, o peso fresco e seco das folhas e do caule, o teor de clorofila a, b, a+b e de carotenóides, bem como a absorção de N, P e k nos rebentos, aumentaram com a utilização de meios argilosos, seguidos de meios arenosos + argilosos, em comparação com meios arenosos.

2.3 Efeito de diferentes texturas de solo e pulverização foliar com Zinco no crescimento de *Dalbergia sissoo*, em algumas caraterísticas químicas e em algumas caraterísticas estomáticas.

2.3.1 Crescimento vegetativo

O zinco é absorvido e transferido sob a forma de Zn^{2+} nas plantas e é um nutriente essencial que tem funções fisiológicas específicas em todos os sistemas vivos, tais como a manutenção da integridade estrutural e funcional das membranas biológicas e a estrutura das enzimas, a produção de energia e o ciclo de Krebs; tem também um impacto positivo no rendimento das culturas; por conseguinte, o rendimento quantitativo e qualitativo das culturas depende fortemente do zinco (Zn) no solo. A capacidade de absorção de zinco é reduzida pela elevada utilização de fósforo e o zinco na planta e no solo tem um estado de antagonismo com o fósforo (interação negativa) (Mousavi, *et al.,* 2011).

Vasconcelos, *et al.* (2011) verificaram que o Zinco é um micronutriente essencial para o crescimento e reprodução regular e saudável das plantas. Os estudos foram conduzidos para investigar a absorção de Zinco pelas plantas de milho após a fertilização com Zn via solo ou via folhagem. Realizaram uma experiência em vasos de estufa utilizando um hapludox típico. As plantas de milho foram colhidas 100 dias após a sementeira e as concentrações de Zn foram determinadas nas folhas e nas raízes. O zinco foi aplicado como solução de sulfato de zinco na folhagem na terceira e quinta semanas após a sementeira, a solução de sulfato de zinco foi aplicada ao solo antes da sementeira. Foram analisadas as concentrações de Zn nas raízes e nos rebentos das plantas. A concentração de zinco no milho aumentou significativamente com a aplicação de Zn no solo e na folhagem.

Al-Kazaz (2012) e Al-Saadi, *et al.* (2012) realizaram uma experiência numa estufa em Bagdade, utilizando vasos de plástico com capacidade de 4 kg de solo, a experiência foi conduzida para estudar a influência da aplicação foliar de quatro concentrações de ureia (46%) como fonte de azoto (zero, 500, 1000, 2000) ppm e três concentrações de sulfato de zinco como fonte de zinco (zero, 25, 50) ppm e a sua interação nas concentrações de azoto, fósforo, potássio, cálcio e magnésio na parte vegetativa da planta de feno-grego *(Trigonella foenum-graecum* L.) cultivar (indiana), os seus resultados indicaram que a aplicação foliar de ureia e sulfato de zinco e as suas interações afectaram significativamente a nutrição da planta de feno-grego, particularmente no caso da concentração de 1000 ppm de ureia e 50 ppm de sulfato de zinco, que deu os melhores valores das caraterísticas estudadas. Ayad, *et al.* (2010) estudaram o efeito da pulverização foliar de Zinco (0, 50, 100 e 200) mg /L no crescimento vegetativo e em alguns constituintes químicos de plantas *de Pelargonium graveolens L.*. Todos os critérios de crescimento vegetativo expressos como altura da planta, peso fresco e seco das plantas foram significativamente afectados pela aplicação do fator utilizado neste estudo. A aplicação foliar de zinco como $ZnSO_4$ promoveu todos os critérios acima mencionados, especialmente a 200 mg/L de sulfato de zinco. A clorofila a e a clorofila b aumentaram em todas as concentrações do fator, especialmente a 200 mg/L de sulfato de zinco.

Sayyad-Amin e Shahsavar (2012) estudaram o efeito da aplicação foliar de ácido bórico, sulfato de zinco (0, 2000 e 4000 mgL^{-1}) para ambos e ureia (0, 5000 e 7500 mgL^{-1}) nas caraterísticas vegetativas da oliveira em solos calcários do Irão. Os resultados mostraram que, no primeiro ano, os maiores pesos frescos e secos das folhas foram observados com 2000 mgL^{-1} de ácido bórico mais ureia a 5000 mgL^{-1} . A maior área foliar e a maior clorofila foram observadas no ácido bórico e no sulfato de zinco a 4000 mgL^{-1} isoladamente e no ácido bórico a 2000 mais ureia a 7500 mgL^{-1} respetivamente. No segundo ano, o maior comprimento de rebento foi observado no sulfato de zinco a 4000+ácido bórico a 2000 mais ureia a 5000 mgL^{-1} . O maior número de nós e a maior área foliar foram observados no sulfato de zinco a 2000 com ácido bórico a 4000 mgL .$^{-1}$

No Curdistão Erbil-Iraque, Muhammad (2004) estudou o efeito da aplicação foliar de Zinco ($ZnSO_4 .7H_2 O$) a níveis de (0, 5, 10, 20 e 40 ppm) em ervilha *(pisum sativum* L.) 30 dias após a plantação, por três vezes, 8 dias entre cada pulverização. A aplicação foliar de zinco causou um aumento significativo na maioria das caraterísticas de crescimento vegetativo. As baixas concentrações de aplicação foliar de zinco provocaram um aumento significativo do teor de fósforo, azoto, potássio e proteínas tanto nas folhas como nas sementes, tendo sido também observado um aumento significativo do teor de zinco nas folhas. Também se registou um aumento do teor de clorofila a,b e de clorofila total das folhas. Lahijie (2012) plantou a variedade "Oscar" utilizando três níveis de 0, 0,5 e 1% de $ZnSO_4$. de, a altura das plantas de *gladíolo*, o número de folhas, foram significativamente diferentes dos outros tratamentos quando foi aplicada uma solução de ZnSO4. Um estudo teve como objetivo otimizar as doses de zinco para maximizar a produtividade do trigo em clima árido. Níveis variáveis de zinco (Zn1 = 10, Zn_2 = 15 e Zn_3 = 20 (kg ha^{-1}) foram aplicados numa argila siltosa na qual o trigo foi cultivado até à maturidade. A partir do resultado, verificou-se que a aplicação de Zn causou um aumento no crescimento do trigo, particularmente em termos de índice de área foliar (LAI) Hussain, *et al.* (2011).

2.3.2 Caraterísticas químicas da planta

A nutrição adequada das plantas é um fator importante para melhorar o rendimento e a qualidade das produções agrícolas. O zinco é um micronutriente essencial para o crescimento normal e saudável das plantas, sendo absorvido pelas plantas como um catião divalente (Zn^{2+}). O zinco desempenha o papel metabólico principal nas plantas. Este micronutriente tem um papel importante na estrutura da maioria das enzimas, tais como: desidrogenase, aldolase e isomerases. Além disso, o zinco é eficaz na produção de energia e no ciclo das fibras. Na maior parte dos solos iranianos, o pH é elevado e são também calcários. Neste tipo de solos, a solubilidade dos micronutrientes é menor, o que provoca um declínio na absorção destes elementos e, por fim, o aumento das necessidades das plantas em relação a estes elementos. O rendimento e a qualidade das culturas são reduzidos pelo facto de o zinco ser inadequado no solo. A capacidade de absorção de zinco é reduzida pela elevada utilização de fósforo e o zinco na planta e no solo tem um estado de antagonismo com o fósforo (interação negativa), pelo que a utilização de zinco é essencial para obter um elevado rendimento e qualidade nas culturas (Mousavi, 2011).

A experiência em vaso foi conduzida por Khalifa, *et al.* (2011) em solo arenoso na estufa. Este trabalho teve como objetivo estudar a influência da pulverização foliar de sulfato de zinco nos parâmetros de crescimento da planta Iris, constituintes químicos e teor de nutrientes das folhas. O sulfato de zinco nas concentrações de 0,0, 1,5, 3,0 e 4,5g/L foi aplicado isoladamente e em combinações duas vezes como pulverização foliar, sendo a primeira após 45 dias e a segunda após 60 dias do plantio. Os resultados mostraram que a pulverização foliar de sulfato de zinco sozinho em todas as taxas aumentou significativamente o teor de hidratos de carbono, pigmentos e nutrientes das folhas, ou seja, N, P, K e Zn, em comparação com o controlo. O resultado mais promissor foi obtido em plantas tratadas com Zn a 4,5g /L. Num estudo realizado por Nayf (2008) em Bagdade, a pulverização foliar de 0,20 mgL^{-1} $ZnSO_4$ aumentou o teor de P, K e Zn nas folhas de alho e o teor de N, P, K e Zn nos bolbos. Além disso, o Zn influenciou significativamente os caracteres vegetativos, sendo superior em altura da planta, área foliar e peso seco das partes vegetativas em comparação com o controlo.

Al-Aareji e Al-Hamadany (2009) realizaram uma experiência no viveiro do Departamento de Hortas e Paisagens Agrícolas/Faculdade de Agricultura e Florestas/Universidade de Mossul durante as épocas de cultivo de 2006 e 2007. Os transplantes de pêssego Coronet foram pulverizados três vezes por estação com quatro concentrações de zinco quelatado (0, 10, 20 e 30 $mg.L^{-1}$) e três níveis de ácido ascórbico (0, 50 e 100 mg. L^{-1}), com um intervalo de vinte dias entre cada pulverização e outra, sendo a primeira pulverização efectuada na primeira semana de maio. Os resultados de ambas as épocas indicaram que a pulverização foliar de zinco quelatado e ácido ascórbico, cada um isoladamente ou ambos, aumentou significativamente a concentração de N, K, Zn e hidratos de carbono nas folhas, o teor de clorofila total nas folhas, a área foliar dos transplantes, a altura dos transplantes, o diâmetro do caule principal, o número de ramos novos, o peso seco vegetativo e das raízes, enquanto a concentração de P nas folhas diminuiu significativamente com a aplicação de zinco quelatado. O tratamento 30 $mg.L^{-1}$ Zinco +100 mg ácido ascórbico. L^{-1} foi o melhor, que deu as médias mais elevadas de todos os parâmetros estudados, exceto a concentração de P. Al- Imam e Al-Jubury (2008) realizaram uma experiência no viveiro da Faculdade de Agricultura e Silvicultura da Universidade de Mosul, no Iraque, para estudar o efeito de cinco meios agrícolas: solo franco-arenoso (solo de rio) a 100 %; solo franco-arenoso: estrume (3:1) em volume; solo franco-arenoso: musgo de turfa (3:1); solo franco-arenoso: estrume: musgo de turfa (3: 1/2 : 1/2) e solo franco-arenoso: estrume: musgo de turfa (2:1: 1). As plântulas foram pulverizadas com três níveis de GA3 (0, 50 e 100 $mg.L^{-1}$), bem como três níveis de Zinco quelatado Zn-EDTA (0, 25 e 50 $mg.L^{-1}$) e a sua interação no crescimento de plântulas de pistácio cv. Ashoury. Os resultados mostraram que os parâmetros de crescimento vegetativo foram significativamente afectados pelos meios agrícolas, utilizando a quarta mistura deu os melhores resultados das plântulas: área foliar, área foliar das plântulas, concentrações de fósforo e potássio nas folhas. A aplicação foliar de Zn-EDTA causou um aumento significativo em todos os parâmetros de crescimento vegetativo e radicular, concentrações de N, P, K e Zn nas folhas das plântulas de pistácio. O melhor tratamento foi 50 mg $Zn.L^{-1}$ que apresentou as concentrações mais elevadas.

Ahmed, *et al.* (2012) estuda os efeitos do fertilizante de zinco a 0,0, 5,0, 7,5, 10,0 e 12,5 kg ha^{-1} na composição química e na produção de biomassa do algodoeiro na maturidade em solo alcalino (pH 8,1), calcário ($CaCO_3$ 5,6%) e argiloso. O aumento dos níveis de Zn causou significativamente a acumulação progressiva de Zn nas folhas e noutras partes da planta. As concentrações de N, K, B e Zn nas folhas, sementes e caules aumentaram com o aumento das taxas de Zn; enquanto as concentrações de P, Ca, Mg, Cu, Fe e Mn diminuíram. O aumento da aplicação de Zn exerceu um efeito positivo na produção de matéria seca que pode ser explicado pela melhoria do estado nutricional dos macronutrientes e micronutrientes essenciais. Mazher, *et al.* (2006) realizaram uma experiência em vaso no Egito para estudar o efeito da aplicação de enxofre (0, 5 e 10 g/vaso) no crescimento e na composição química de plântulas *de Dalbergia sissoo* cultivadas em solo calcário. Os resultados indicaram que os parâmetros de crescimento aumentaram significativamente com o aumento das taxas de aplicação de enxofre.

2.3.3 Efeito sobre algumas caraterísticas dos estomas

Dado que a função dos estomas é importante para a fisiologia, adaptação e produtividade das plantas, e que a capacidade de adaptação das plantas está intimamente associada aos processos de transpiração e fotossíntese que ocorrem nas suas folhas, o número e a distribuição dos estomas por unidade de área foliar têm um papel importante nestes processos, ajustando as trocas de CO_2 , O_2 e humidade entre as folhas e a atmosfera (Brownlee, 2001). Alguns estudos mencionaram o papel importante do número de estomas por área nos produtos da fotossíntese líquida (Bierhuizen, *et al.,* 1984) e no crescimento vegetativo em algumas variedades de pêssego (Rana e Chadha, 1990). Os estomas desempenham um papel fundamental na regulação das trocas gasosas nas plantas com flores e estão distribuídos por toda a epiderme aérea. Nas folhas, o padrão de distribuição dos estomas é muito variável entre espécies, mas é regulado por um mecanismo que mantém um espaçamento mínimo de uma célula entre os estomas. O ambiente também tem efeitos significativos no desenvolvimento dos estomas. Numa série de espécies, tanto a intensidade da luz como as concentrações de CO_2 demonstraram influenciar a frequência com que os estomas se desenvolvem nas folhas (Casson e Gray, 2008).

Num campo na cidade de Koya, Al-Barzinji e Anwar (2010) estudaram a comparação entre duas variedades de favas, a local e a Saher, no que respeita ao crescimento vegetativo e às caraterísticas dos estomas. Os resultados revelaram uma diminuição significativa do número de estomas/mm^2 na epiderme superior e um aumento na epiderme inferior do folheto da variedade local em comparação com a variedade Saher. Entretanto, o comprimento dos estomas na epiderme superior e inferior aumentou significativamente em comparação com a variedade Saher. Al-Barzinji e Hama (2012) trabalharam sobre os efeitos da água magnetizada e da pulverização com extrato de alcaçuz em algumas caraterísticas fisiológicas e na qualidade dos frutos do pepino híbrido SARA F1 na cidade de Koya. Os resultados indicaram que a água magnetizada aumentou significativamente o número de estomas nas superfícies inferiores das folhas em comparação com a água comum e não teve efeito significativo nas dimensões dos estomas nas superfícies superior e inferior. A pulverização com extrato de alcaçuz diminuiu significativamente o número de estomas nas superfícies superiores das folhas, aumentando a concentração do extrato.

3. Materiais e métodos

3.1 Dados meteorológicos

A temperatura máxima e mínima, a humidade relativa e a quantidade de chuva caída no campo aberto durante a época de plantação são apresentadas na tabela (1), conforme registado pela Estação Agro-Meteorológica na cidade de Koya.

Quadro 1: Temperatura máxima e mínima, humidade relativa e quantidade de chuva durante a estação de crescimento (2012).

Month (2012)	Air Temp. C°		Relative Humidity%		Rain fall (mm)
	Maximum	Minimum	Maximum	Minimum	
March	14.2	6.2	75.2	65.7	122.2
April	25.7	15.5	72.6	67.4	32.0
May	32.3	21.3	54.8	47.5	8.0
June	38.3	27.8	47.1	40.3	0.0
July	40.5	30.9	47.6	41.9	0.0
August	40.7	29.6	51.7	45.7	0.0
September	37.2	27.7	53.7	48.9	0.0
October	29.8	21.2	67.1	57.8	18.0

3.2 Experiência 1: Efeito da época de sementeira e de alguns tratamentos prévios na percentagem de germinação de sementes de *Dalbergia sissoo*.

As vagens das árvores *de D. sissoo* foram colhidas a 6 de março de 2012. As vagens maduras foram colhidas diretamente das árvores, subindo-as manualmente e colocando-as em sacos. As árvores tinham cerca de 9 anos de idade, com fardos direitos e bem formados. As vagens com uma semente foram selecionadas para este estudo, que foi realizado num campo privado na cidade de Koya, situada a 44° 38 E, 36° 4N e a 517 m de altitude acima do nível do mar (asl).

Foi realizada uma experiência fatorial com um desenho de blocos completos aleatórios (R.C.B.D.) para estudar o efeito da época de sementeira e de alguns pré-tratamentos na germinação de sementes de *D. sissoo*. Este experimento envolve dois fatores; o primeiro fator foi o tempo de semeadura que foi 15 de março de 2012, 15 de abril de 2012 e 15 de maio de 2012 denotado como D_1 , D_2 e D_3 , enquanto o segundo fator foi alguns pré-tratamentos que organizados da seguinte forma:

1- Controlo: vagens não tratadas (T_1).
2- Imersão das vagens em água normal à temperatura ambiente durante 24 horas (T_2) (Sheikh e Matin, 2007 e Savannakher, 1996).
3- Corte de um dos lados da vagem (T_3).
4- Corte de um dos lados da vagem e imersão em água corrente à temperatura ambiente durante 24 horas (T_4).
5- Corte dos dois lados da vagem (T_5).

6- Corte de ambos os lados da vagem e imersão em água corrente à temperatura ambiente durante 24 horas (T_6).

Figura 1. Alguns dos pré-tratamentos de vagens de *Dalbergia sissoo* T_1 , T_3 e T_5

Os tratamentos foram repetidos três vezes e foram utilizadas caixas de viveiro com dimensões de 50 cm x 30 cm x 30 cm como camas de sementes, utilizando solo arenoso, cada cama contendo 50 sementes.

Figura 2. Plântulas *de Dalbergia sissoo* após 3 semanas de sementeira com diferentes tratamentos prévios.

Neste experimento, a porcentagem de germinação de sementes (G) foi calculada usando a seguinte fórmula, conforme descrito por Ahmadloo *et al.*(2012).

$$\mathbf{G\ (\%)} = \frac{L}{S} \times 100$$

G (%) = Percentagem de germinação

L = Número de plântulas

S = Número total de sementes

3.3 Experiência 2: Efeito de diferentes texturas do solo na percentagem de sobrevivência das plântulas e em algumas caraterísticas de crescimento vegetativo de *Dalbergia sissoo:*

Foi conduzido um projeto de blocos completos aleatórios (R.C.B.D.) para estudar o efeito de três texturas de solo (argiloso, arenoso e argilo-arenoso 1:1) denotadas como (S_1 , S_2 e S_3) na sobrevivência de mudas de *D. sissoo,* transplantadas em polietileno de tamanho 10x10x 30 cm em 1 de junho de 2012, usando mudas de 10 cm de comprimento com 4-6 folhas.

Figura 3. Plântula sobrevivente de *Dalbergia sissoo crescendo* em diferentes texturas de solo

As amostras compostas de solo foram retiradas da camada superficial (30 cm) de profundidade, tendo sido determinadas algumas propriedades químicas e físicas selecionadas dos solos no Centro de Investigação Agrícola/Ainkawa/Erbil e na Universidade de Sulaimanya/Departamento de Ciências do Solo e da Água, tal como descrito no quadro (2).

Quadro 2: Algumas propriedades químicas e físicas dos solos estudados.

Soil properties		Type of soil			Units
		Clayey	Sandy	Sandy clay	
EC at 25 °C in soil suspension 1:1		0.40	0.30	0.50	dS. m^{-1}
Ph		8.07	8.17	8.22	-------
Total N		0.06	0.04	0.06	%
P^{3-}		3.60	6.18	5.54	Ppm
Zn^{2+}		0.19	0.18	0.20	mg/L
CO_3^{2-}		0.00	0.00	0.00	meq/L
HCO_3^-		2.80	2.90	2.00	
Ca^{2+}		6.60	9.60	7.00	
Mg^{2+}		3.20	1.80	1.40	
Cl^{1-}		1.28	1.50	1.38	
Na^+		1.46	1.07	0.73	
K^+		0.24	0.16	0.19	
SO_4^{2-}		7.42	8.23	5.94	
Gypsum		0.32	0.00	0.00	%
Organic Matter		1.04	0.15	1.02	
Particle Size Distribution (PSD)	Clay	638	222	322	g.kg^{-1}
	Sand	62	655	555	
	Silt	300	123	123	
Textural name		Clayey soil	Sandy soil	Sandy clay soil	

A t 1 de agosto de 2012 foram estudadas as seguintes caraterísticas:

3.3.1 A percentagem de sobrevivência das plântulas foi medida pela seguinte fórmula:

SR % = A/B X 100

Onde: SR = percentagem de sobrevivência das plântulas

A = número de plântulas sobreviventes num determinado momento de medição.

B = número de plântulas iniciais plantadas aquando da transplantação.

(Kusmana, 2009)

3.3.2 Número de folhas das plântulas: O número total de folhas foi contado, incluindo as folhas de sementes.

3.3.3 Altura da plântula (cm): Foi medida a partir do ponto de fixação do caule com o solo até ao ponto apical do rebento principal, utilizando uma fita métrica.

3.4 Experiência 3: Efeito de diferentes texturas do solo e da pulverização foliar com zinco no crescimento vegetativo *da Dalbergia sissoo*, no teor químico das folhas e em algumas caraterísticas dos estomas:

Um experimento fatorial usando o projeto de bloco completo randomizado (R.C.B.D.) com três replicações foi conduzido em 1 de agosto de 2012 para estudar o efeito combinado de três texturas de solo argiloso, arenoso e argiloso arenoso e com três concentrações de Zn (0, 57 e 114 ppm) denotadas como (C_0 , C_1 e C_2). no crescimento vegetativo, componente químico das folhas e algumas caraterísticas estomáticas das mudas *de Dalbergia sissoo* (Apêndice 1 e 2).

3.4.1 Preparação de soluções de zinco e tempo de pulverização:

Dissolvendo cada um dos 0, 250 e 500 mg de ZnSO4 7H2O (22,73% Zn) em 1000 ml de água destilada para obter concentrações (0, 57 e 114 ppm) com a adição de gotículas de surfactante químico (detergente). A pulverização foi realizada duas vezes, a primeira foi aplicada após dois meses do transplante (30 de agosto de 2012), enquanto a segunda pulverização foi 10 dias após a primeira pulverização (10 de setembro de 2012), a pulverização foi realizada no início da manhã, e as pulverizações foram aplicadas até que todas as folhas das plantas-alvo estivessem molhadas.

3.4.2 Caraterísticas estudadas:

3.4.2.1 Crescimento vegetativo

3.4.2.1.1 Altura das plântulas (cm): Foi medida como mencionado na experiência 2.

3.4.2.1.2 Número de folhas / plântula^{-1} : Foi contado como descrito na experiência 2.

3.4.2.1.3 Número de ramos / plântula^{-1} : O número total de ramos foi contado, incluindo os ramos.

3.4.2.1.4 Comprimento da raiz principal da plântula (cm): Foi medido desde o ponto de fixação do caule com o solo até ao ponto apical da raiz principal, utilizando uma fita métrica após lavagem e subida em água da torneira.

3.4.2.1.5 Área foliar (cm^2 .plântula^{-1}): Tomando 25 discos de folhas de área conhecida, secos em estufa a 65°C, seguido da secagem de folhas de três plântulas. área foliar das plântulas calculada pela fórmula descrita por Watson e Watson (1953).

$$\text{Seedling leaf area (cm}^2\text{)} = \frac{\text{25 discs leaf area (cm}^2\text{) x seedling leaves dry weight (g)}}{\text{25 discs dry weight (g)}}$$

3.4.2.1.6 Peso húmido do rebento (g): selecionando três plântulas ao acaso e pesando o seu rebento numa balança sensível.

3.4.2.1.7 Peso seco do rebento (g): por pesagem do rebento das três plântulas, após secagem em estufa a 65°C durante 72 horas até fixação do peso.

3.4.2.1.8 Peso húmido da raiz (g): pesando a raiz das três plântulas através de uma preciosa balança sensível.

3.4.2.1.9 Peso seco da raiz (g): por pesagem da raiz das três plântulas,

após secagem em estufa a 65°C por 72 horas até fixação do peso.

3.4.2.1.10 Matéria seca dos rebentos (%): A matéria seca do rebento foi calculada usando a seguinte fórmula, como descrito por Al-Sahaf(1989).

$$\text{Shoot dry matter (\%)} = \frac{\text{Shoot dry weight}}{\text{Shoot wet weight}} \times 100$$

3.4.2.1.11 Matéria seca da raiz (%): A matéria seca da raiz foi calculada a partir da seguinte fórmula, conforme descrito por Al-Sahaf (1989).

$$\text{Root dry matter (\%)} = \frac{\text{Root dry weight}}{\text{Root wet weight}} \times 100$$

3.4.2.2 Caraterísticas químicas das folhas:

3.4.2.2.1 Hidratos de carbono totais (%):

Foi determinado de acordo com o método de Joslyn (1970), utilizando 0,2 g de pó de plântulas de cada unidade experimental, adicionando 8 ml de ácido perclórico 1N ($HClO_4$), colocado no banho de água a 60°C durante 30 min. depois arrefecido e centrifugado (3000 RPM.) durante 15 min. O resíduo foi retido e o procedimento repetido até que o digerido esteja límpido para remover todos os vestígios de solúvel. O resíduo foi filtrado assim obtido e, em seguida, o volume do extrato foi aumentado para 100 ml através da adição de água destilada. Em seguida, misturou-se 1 ml da extração com 1 ml de fenol (5%) e 5 ml de ácido sulfúrico concentrado ($H_2 SO_4$). Utilizando um espetrofotómetro com comprimentos de onda de 490 nanómetros, foram determinadas as absorvâncias das diferentes soluções. Foram preparadas soluções padrão de glucose para extrair a concentração de hidratos de carbono da curva padrão.

Foi utilizada a seguinte fórmula para determinar a percentagem de hidratos de carbono totais:

$$\text{Carbohydrate (\%)} = \frac{\text{Concentration from standers curve x Dilution factor}}{1000 \ \text{x} \ 1 \ \text{ml} \ \text{x} \ \text{sample weight}} \text{x} \ 100$$

3.4.2.2.2 Teor de clorofila (mg/100g de peso húmido):

A quantidade de clorofila a, b e clorofila total foi estimada de acordo com o método de Ranganna (1977). O material foliar foi recolhido e foram retirados 0,25 g de folhas húmidas de cada unidade experimental, depois misturados com 10 ml de acetona a 80%, esta extração foi colocada num frasco de vidro de 25 ml (frasco escuro). Os frascos de vidro foram selados com película de plástico para evitar a evaporação e a foto-oxidação dos pigmentos e, em seguida, foram retirados 1 ml da extração e adicionados 9 ml de acetona. A clorofila a, a clorofila b e a clorofila total foram medidas por um espetrofotómetro (PD-303) nos comprimentos de onda de 642 nm e 660 nm, como se segue:

Clorofila a (mg/litro) = (9,93 x DO a 660 nm) - (0,777 x DO a 642,5 nm)

Clorofila b (mg/litro) = (17,6 x DO a 642,5 nm) - (2,81 x DO a 660 nm)

Clorofila total (mg/litro) = (7,12 x DO a 660 nm) - (16,8 x DO a 642,5 nm)

A seguinte fórmula é utilizada para transferir o teor de clorofila de mg/litro para mg/100 g de peso húmido:

$$\text{mg chlorophyll /100 g wet weight} = \frac{\text{mg / l}}{\text{1000 ml}} \text{x} \frac{\text{100 g}}{\text{g sample}}$$

3.4.2.2.3 Concentração de nutrientes

As folhas foram secas em estufa a 65°C durante 72 horas até à fixação do peso, sendo depois moídas num moinho elétrico para cada unidade experimental. 0,5 g de folhas foram digeridas a seco por adição de 10 ml de ácido sulfúrico concentrado (H_2SO_4) e 10 ml de peróxido de hidrogénio (H_2O_2) com aquecimento gradual para digestão, tal como descrito por Ryan, *et al.* (2001).

3.4.2.2.3.1 Azoto total (%):

A percentagem de teor de azoto foi determinada a partir de amostras digeridas pelo método kjeldahl (Allen, *et al.*, 1974).

3.4.2.2.3.2 Fósforo total (%):

A percentagem do teor de fósforo foi estimada a partir das amostras digeridas por espetrofotómetro a 410 nm, tal como descrito por Ryan, *et al.* (2001).

3.4.2.2.3.3 Potássio total (%):

O fotómetro de chama foi utilizado para a determinação do potássio (kalra, 1998).

3.4.1.1.1.4 Teores totais de zinco (ppm):

O espetrofotómetro de absorção atómica foi utilizado para a determinação do zinco utilizando gás acetileno a 213,9 nm (A.O.A.C., 1970).

3.4.1.1.1.5 Sulfato total (%):

Para determinar a percentagem de sulfato nas folhas, as amostras foram digeridas de acordo com Jones (1930). Foram retirados 0,5 g de pó de plântulas de cada unidade experimental e depois digeridos com 15 ml de ácido nítrico concentrado (HNO3) e 10 ml de peróxido de hidrogénio (H2O2). Finalmente, foram obtidos extractos límpidos para determinar o sulfato nas folhas. A percentagem de sulfato foi estimada utilizando um turbidímetro (Modelo 2100A) de acordo com (Gupta, 2004).

3.4.1.2 Número, comprimento e largura dos estomas na superfície superior e inferior das folhas:

Foram selecionadas quinze folhas de diferentes plântulas, cuidadosamente arrancadas de cada unidade experimental e mantidas em sacos de polietileno durante o dia 3 de outubro de 2012 e levadas para o laboratório. As lâminas de casca epidérmica das folhas foram feitas pelo método das impressões duradouras. Neste método, pelo menos um centímetro quadrado da superfície da folha foi pintado com uma camada espessa de verniz de unhas transparente. Deixou-se o verniz secar completamente e, em seguida, colou-se um pedaço de fita de celofane transparente à mancha de verniz seca com fita de selagem de cartão. Retirar suavemente a mancha de verniz puxando um canto da fita e o verniz das unhas juntamente com a casca da folha. Esta é a impressão da folha que foi colada em lâminas e etiquetada como superfície abaxial e adaxial. A impressão da folha foi examinada ao microscópio de luz com uma ampliação de, pelo menos, 400x. O número de estomas foi contado por milímetro quadrado de área. O comprimento e a largura das células-guarda dos estomas de uma folha foram medidos em pm (mícron) com um micrómetro ocular sob ampliações de alta potência com a ajuda de "Stage - Ocular micrometry". (Rai e Mishra, 2013).

3.5 Análise estatística:

As comparações entre as médias foram efectuadas utilizando o teste de Duncan para os intervalos múltiplos ao nível de 5% (Reza, 2006). A análise estatística foi efectuada utilizando o programa SAS (2000).

4. Resultados

4.1 Efeito da época de sementeira e de alguns pré-tratamentos na percentagem de germinação de sementes de *Dalbergia sissoo*.

Os resultados no quadro (3) mostram o efeito da época de sementeira e de alguns pré-tratamentos na germinação das sementes após 3 semanas da sementeira. Registaram-se diferenças significativas entre as diferentes épocas de sementeira neste parâmetro. O valor mais elevado (19,00%) foi registado na época de sementeira de 15 de abril de 2012, enquanto o valor mais baixo (5,00%) foi registado em 15 de maio de 2012. A maior germinação de sementes (16,00%) foi registada quando ambos os lados da vagem foram cortados com imersão em água comum durante 24 h, o valor mais baixo (9,00%) foi registado no controlo (vagens não tratadas). A interação entre as diferentes épocas de sementeira e alguns pré-tratamentos teve um efeito significativo na percentagem de germinação das sementes, tendo o valor mais elevado (31,33%) sido obtido a 15 de abril de 2012 com o corte de ambos os lados da vagem e a imersão em água corrente durante 24 h, enquanto o valor mais baixo (0,67%) foi obtido a partir de sementes semeadas a 15 de maio de 2012 com todos os tratamentos, incluindo a imersão em água corrente durante 24 h.

Quadro 3: Efeito da época de sementeira, de alguns pré-tratamentos e das suas interações na percentagem de germinação das sementes de *Dalbergia sissoo*.

Treatments	Germination rate (%)
Date of sowing	
15 March	0.00 c *
15 April	19.11 a
15 May	5.00 b
Pre-treatments	
Control or untreated pods	6.00 a
Soaking pods in tap water for 24 hours	6.44 a
Cutting one side of the pod	7.78 a
Cutting one side of the pod with soaking in tap water for 24 h	7.78 a
Cutting both sides of the pod	9.33 a
Cutting both sides of the pod with soaking in tap water for 24 h	10.89 a
Interaction	
15 March + Control or untreated pods	0.00 f
15 March + Soaking pods in tap water for 24 hours	0.00 f
15 March + Cutting one side of the pod	0.00 f
15 March + Cutting one side of the pod with soaking in tap water for 24 h	0.00 f
15 March + Cutting both sides of the pod	0.00 f
15 March + Cutting both sides of the pod with soaking in tap water for 24 h	0.00 f
15 April + Control or untreated pods	12.67 bcd
15 April + Soaking pods in tap water for 24 hours	18.00 bc
15 April + Cutting one side of the pod	13.33 bcd
15 April + Cutting one side of the pod with soaking in tap water for 24 h	21.33 b
15 April + Cutting both sides of the pod	17.33 bc
15 April + Cutting both sides of the pod with soaking in tap water for 24 h	32.00 a
15 May + Control or untreated pods	5.33 def
15 May + Soaking pods in tap water for 24 hours	1.33 ef
15 May + Cutting one side of the pod	10.00 cdef
15 May + Cutting one side of the pod with soaking in tap water for 24 h	2.00 ef
15 May + Cutting both sides of the pod	10.67 cde
15 May + Cutting both sides of the pod with soaking in tap water for 24 h	0.67 ef

* Means followed by the same letters within column are not significantly different at $p \leq 0.05$ according to the Duncan test.

4.2 Efeito de diferentes texturas de solo na sobrevivência das plântulas e em algumas caraterísticas de crescimento vegetativo de *Dalbergia sissoo*.

4.2.1 Percentagem de sobrevivência das plântulas (%)

O quadro (4) mostra a diferença significativa das diferentes texturas de solo na percentagem de sobrevivência das plântulas, especialmente nas texturas arenosas e areno-argilosas, em comparação com o solo argiloso. Os valores mais elevados (82,67% e 82,00 %) foram registados nos solos arenosos e areno-argilosos, respetivamente, enquanto o valor mais baixo (45,33 %) foi registado no solo argiloso.

4.2.2 Número de folhas das plântulas

Os resultados no quadro (4) mostram diferenças significativas entre todas as texturas de solo no número de folhas das plântulas. O valor mais elevado (19,70) foi registado no solo argilo-arenoso, enquanto o valor mais baixo (13,18) foi registado no solo argiloso.

4.2.3 Altura das plântulas (cm)

Os resultados do quadro (4) mostram a influência significativa das diferentes texturas do solo na altura das plântulas. Registaram-se diferenças significativas entre as texturas do solo neste parâmetro. O solo argiloso arenoso registou o valor mais elevado (41,03 cm), enquanto o valor mais baixo (27,50 cm) foi obtido no solo argiloso.

Quadro 4: Efeito de diferentes texturas de solo na sobrevivência e em algumas caraterísticas de crescimento vegetativo de plântulas *de Dalbergia sissoo*.

Type of soil	Survival Percentage (%)	Number of leaves. seedling^{-1}	Seedling height (cm)
Clayey (S_1)	45.33 b *	13.18 c	27.50 b
Sandy (S_2)	82.67 a	16.75 b	32.97 ab
Sandy clay (S_3)	82.00 a	19.70 a	41.03 a

* As médias com a mesma letra ou letras não diferem significativamente (P <0,05).

4.3 Efeito de diferentes texturas de solo e da pulverização foliar com zinco no crescimento vegetativo *de Dalbargia sissoo*, no teor químico das folhas e em algumas caraterísticas estomáticas.

4.3.1 Caraterísticas de crescimento vegetativo:

4.3.1.1 Altura das plântulas (cm)

O quadro (5) mostra a resposta das plântulas à altura das plântulas após 2 meses do tratamento. Verificaram-se diferenças significativas entre a textura argilosa do solo e a textura argilo-arenosa neste parâmetro. O valor mais elevado (66,82 cm) foi registado no solo argilo-arenoso, enquanto o valor mais baixo (49,52 cm) foi registado no solo argiloso. A pulverização foliar com zinco e as suas interações com a textura do solo mostram efeitos não significativos na altura das plântulas.

4.3.1.2 Número de ramos.plântula^{-1}

Os resultados no quadro (5) não mostram qualquer efeito significativo das diferentes texturas do solo no número de ramos das plântulas, enquanto a pulverização foliar com zinco (114 ppm) tem um efeito significativo no número de ramos em comparação com o controlo e a pulverização foliar com 57 ppm. A interação entre as diferentes texturas do solo e as concentrações de zinco teve efeitos significativos no número de ramos / caraterística das plântulas. Os valores mais altos (7,67 e 7,33) foram obtidos em solos argilosos e arenosos e pulverização foliar com 114 ppm de zinco, respetivamente, enquanto o valor mais baixo (3,00) foi obtido em solo argiloso sem pulverização.

4.3.1.3 Número de folhas.plântula^{-1}

O resultado do quadro (5) mostra que as diferentes texturas do solo afectaram significativamente este parâmetro. O valor mais elevado (25,52) foi registado no solo argilo-arenoso, enquanto o valor mais baixo (19,16) foi registado no solo argiloso. A pulverização foliar com zinco e as suas interações com a textura do solo não afectaram significativamente o número de folhas.

4.3.1.4 Área foliar (cm^2 .seedling^{-1})

Os resultados da tabela (5) mostram diferenças significativas entre as texturas do solo nos seus efeitos sobre este parâmetro, especialmente entre o solo argiloso comparado com as texturas arenosas e argilo-arenosas. Os valores mais elevados (342,87 cm^2 e 325,82 cm^2) foram obtidos em solos arenosos e areno-argilosos, enquanto o valor mais baixo (203,38 cm^2) foi obtido em solos argilosos. A pulverização foliar com zinco não tem efeito significativo sobre a área foliar das mudas. A interação entre diferentes texturas de solo e pulverização com Zinco teve efeito significativo na área foliar, o maior valor (394,36 cm^2) foi obtido em solo arenoso e pulverização foliar com 57 ppm de Zinco, enquanto o menor valor (160,18) foi obtido em solo argiloso e pulverização com 57 ppm de Zinco.

4.3.1.5 Comprimento da raiz principal das plântulas (cm)

Os resultados do quadro (5) indicam um efeito significativo das texturas do solo no comprimento da raiz principal das plântulas, especialmente entre as texturas argilosa e areno-argilosa, tendo o valor mais elevado (36,70 cm) sido registado no solo areno-argiloso, enquanto o valor mais baixo (26,33 cm) foi obtido no solo argiloso. A pulverização foliar com zinco não tem efeito significativo sobre este parâmetro. A interação entre as diferentes texturas de solo e a pulverização com zinco teve um efeito significativo no comprimento da raiz principal, especialmente no solo argiloso sem pulverização foliar e no solo argiloso arenoso sem pulverização foliar. O valor mais elevado (42,89 cm) foi obtido no solo argiloso arenoso sem pulverização, enquanto o valor mais baixo (20,94 cm) foi obtido no solo argiloso sem pulverização.

Quadro 5: Efeito de diferentes texturas de solo, pulverização foliar com Zinco e suas interações em alguns crescimentos vegetativos de plântulas *de Dalbergia sissoo*.

Treatments	Seedling height (cm)	No. of branches. seedling^{-1}	No. of leaves. seedling^{-1}	Leaf area (cm^2). seedling^{-1}	Seedling main root length (cm)
Type of soil					
Clayey (S_1)	49.52 b *	4.67 a	19.16 b	203.38 b	26.33 b
Sandy (S_2)	56.82 ab	5.44 a	22.51 ab	342.87 a	31.72 ab
Sandy clay (S_3)	66.82 a	5.44 a	25.52 a	325.82 a	36.70 a
Zinc concentration (ppm)					
Control (C_0)	55.59 a	4.00 b	22.00 a	269.77 a	31.83 a
57 (C_1)	57.77 a	4.56 b	21.87 a	280.23 a	30.35 a
114 (C_2)	59.81 a	7.00 a	23.32 a	322.06 a	32.57 a
Interaction between type of soil & zinc con.					
S_1C_0	47.83 a	3.00 b	18.33 a	186.68 bc	20.94 b
S_1C_1	47.50 a	3.33 b	18.50 a	160.18 c	27.44 ab
S_1C_2	53.23 a	7.67 a	20.65 a	263.27 abc	30.61 ab
S_2C_0	50.16 a	3.67 b	21.20 a	271.94 abc	31.67 ab
S_2C_1	59.52 a	5.33 ab	22.81 a	394.36 a	28.72 ab
S_2C_2	60.79 a	7.33 a	23.52 a	362.30 ab	34.78 ab
S_3C_0	68.78 a	5.33 ab	26.47 a	350.69 abc	42.89 a
S_3C_1	66.28 a	5.00 ab	24.29 a	286.14 abc	34.89 ab
S_3C_2	65.40 a	6.00 ab	25.80 a	340.62 abc	32.33 ab

* As médias com a mesma letra ou letras não diferem significativamente ($P < 0,05$).

4.3.1.6 Peso húmido e seco do rebento (g)

Os resultados do quadro (6) mostram que houve diferenças significativas entre as texturas do solo no peso húmido e seco dos rebentos, especialmente entre as texturas argilosas em comparação com as arenosas e areno-argilosas, mas não houve diferença entre as texturas arenosas e areno-argilosas. O valor mais elevado foi registado no solo areno-argiloso (53,00 g e 22,58 g), respetivamente, enquanto o valor mais baixo foi registado no solo argiloso. A pulverização foliar com zinco não teve efeito significativo sobre estes parâmetros. A interação entre as diferentes texturas de solo e a pulverização com zinco teve um efeito significativo no peso húmido e seco dos rebentos, especialmente entre os argilosos com controlo e concentração de 57 ppm, em comparação com os argilosos arenosos e arenosos, o valor mais elevado foi obtido no solo argiloso arenoso sem pulverização, enquanto o valor mais baixo foi obtido no solo argiloso com 0 e 57 ppm de zinco.

4.3.1.7 Peso húmido e seco da raiz (g)

Os resultados do quadro (6) indicam que existem diferenças significativas entre as diferentes texturas de solo no peso húmido e seco da raiz, especialmente entre as texturas argilosa e areno-argilosa, tendo o valor mais elevado sido registado no solo areno-argiloso (15,05 g e 7,26 g), enquanto o valor mais baixo foi registado no solo argiloso (8,88 g e 4,29 g), respetivamente. A pulverização foliar com zinco não tem efeito significativo sobre estes parâmetros. A interação entre as diferentes texturas do solo e a pulverização com zinco teve um efeito significativo no peso húmido e seco da raiz, especialmente entre o solo argiloso arenoso sem pulverização foliar, em comparação com o solo argiloso e arenoso sem pulverização foliar, concentração de 57 ppm e sem pulverização foliar, respetivamente, o valor mais elevado foi obtido no solo argiloso arenoso sem pulverização (19,78 g e 9,59 g), respetivamente, enquanto o valor mais baixo foi obtido no solo argiloso sem pulverização.

Quadro 6: Efeito de diferentes texturas de solo, pulverização foliar com zinco e suas interações no peso húmido e no peso seco de rebentos e raízes de plântulas de *Dalbergia sissoo*.

Treatments	Wet weight of shoot (g)	Dry weight of shoot (g)	Wet weight of root (g)	Dry weight of root (g)
Type of soil				
Clayey (S_1)	30.32 b*	12.82 b	8.88 b	4.29 b
Sandy (S_2)	52.80 a	21.12 a	12.49 ab	5.74 ab
Sandy clay (S_3)	53.00 a	22.58 a	15.05 a	7.26 a
Zinc concentration (ppm)				
Control (C_0)	43.48 a	17.74 a	12.05 a	5.66 a
57 (C_1)	40.52 a	17.25 a	10.74 a	5.16 a
114 (C_2)	52.12 a	21.53 a	13.63 a	6.47 a
Interaction between type of soil & zinc con.				
S_1C_0	25.68 b	10.40 b	6.61 b	2.99 b
S_1C_1	24.24 b	9.82 b	6.98 b	3.31 b
S_1C_2	41.05 ab	18.25 ab	13.05 ab	6.55 ab
S_2C_0	41.41 ab	16.39 ab	9.77 b	4.40 b
S_2C_1	57.08 ab	23.38 ab	14.83 ab	7.22 ab
S_2C_2	59.90 a	23.61 ab	12.88 ab	5.61 ab
S_3C_0	63.3 a	26.43 a	19.78 a	9.59 a
S_3C_1	40.24 ab	18.56 ab	10.41 ab	4.96 ab
S_3C_2	55.42 ab	22.75 ab	14.95 ab	7.23 ab

* As médias com a mesma letra ou letras não diferem significativamente ($P < 0,05$).

4.3.1.8 Matéria seca de rebentos (%)

Os resultados no quadro (7) mostram que a textura do solo e os níveis de Zn aplicados não foram afectados significativamente na % de peso seco dos rebentos, enquanto a interação entre eles afectou significativamente a % de matéria seca dos rebentos, o valor mais elevado (46 g) foi registado no tratamento de interação S_3C_1 e o valor mais baixo (38,87 g) foi obtido em S_1C_1

4.3.1. 9 Matéria seca da raiz (%)

O quadro (7) refere-se ao efeito não significativo da textura do solo, dos níveis de Zn aplicado e das suas interações na matéria seca radicular %.

Quadro 7: Efeito de diferentes texturas de solo, pulverização foliar com Zinco e suas interações na percentagem de matéria seca de rebentos e raízes de *Dalbergia sissoo*.

Treatments	Shoot dry Matter (%)	Root dry Matter (%)
Type of soil		
Clayey (S_1)	41.82 a*	46.85 a
Sandy (S_2)	39.77 a	45.07 a
Sandy clay (S_3)	42.87 a	46.57 a
Zinc concentration (ppm)		
Control (C_0)	40.90 a	45.40 a
57 (C_1)	41.61 a	46.68 a
114 (C_2)	41.95 a	46.02 a
Interaction between type of soil & zinc con.		
S_1C_0	41.16 ab	45.76 a
S_1C_1	38.87 b	45.90 a
S_1C_2	45.44 ab	48.89 a
S_2C_0	39.99 ab	45.15 a
S_2C_1	39.97 ab	46.58 a
S_2C_2	39.36 ab	43.48 a
S_3C_0	41.56 ab	48.34 a
S_3C_1	46.00 a	47.57 a
S_3C_2	41.05 ab	48.35 a

* As médias com a mesma letra ou letras não diferem significativamente ($P < 0{,}05$).

4.3.2 Caraterísticas químicas das folhas:

4.3.2.1 Hidratos de carbono totais (%)

A partir dos resultados do quadro (8), verificou-se que não há diferença significativa entre as diferentes texturas de solo no seu efeito sobre a percentagem total de hidratos de carbono das folhas, enquanto a pulverização foliar com Zinco 57 ppm aumentou significativamente a percentagem total de hidratos de carbono em comparação com a concentração de 114 ppm. A interação entre as diferentes texturas do solo e a pulverização com concentrações de zinco teve um efeito significativo na percentagem de hidratos de carbono totais, especialmente entre os solos argilosos e arenosos com a concentração foliar de 114 ppm, em comparação com a argila arenosa com a concentração foliar de 57 ppm

4.3.2.2 Teor de clorofila das folhas (mg/100g de peso húmido).

Os resultados do quadro (8) mostram um efeito não significativo das diferentes texturas do solo, da pulverização foliar com zinco e das suas interações no teor foliar de clorofila a, b e clorofila total.

Quadro 8: Efeito de diferentes texturas de solo, pulverização foliar com zinco e respectivas interações na percentagem de hidratos de carbono, clorofila a, b e teor foliar de clorofila total em *Dalbergia sissoo*

Treatments	Total Carbohydrate (%)	Chlorophyll a	Chlorophyll b	Total Chlorophyll
		mg /100g wet weight		
Type of soil				
Clayey (S_1)	0.12 a*	1.93 a	1.56 a	3.49 a
Sandy (S_2)	0.12 a	1.99 a	1.51 a	3.49 a
Sandy clay (S_3)	0.14 a	2.08 a	1.96 a	4.04 a
Zinc concentration (ppm)				
Control (C_0)	0.13 ab	1.92 a	1.64 a	3.56 a
57 (C_1)	0.14 a	2.12 a	1.67 a	3.79 a
114 (C_2)	0.11 b	1.95 a	1.72 a	3.67 a
Interaction between type of soil & zinc con.				
S_1C_0	0.12 ab	1.77 a	1.57 a	3.33 a
S_1C_1	0.14 ab	2.15 a	1.62 a	3.77 a
S_1C_2	0.10 ab	1.86 a	1.50 a	3.36 a
S_2C_0	0.12 ab	1.83 a	1.52 a	3.36 a
S_2C_1	0.13 ab	2.26 a	1.26 a	3.51 a
S_2C_2	0.10 b	1.87 a	1.74 a	3.61 a
S_3C_0	0.14 ab	2.16 a	1.84 a	4.00 a
S_3C_1	0.15 a	1.96 a	2.12 a	4.08 a
S_3C_2	0.12 ab	2.12 a	1.91 a	4.03 a

* As médias com a mesma letra ou letras não diferem significativamente ($P < 0,05$).

4.3.2.3 Concentração de nutrientes

4.3.2.3.1 Azoto total (%)

O Quadro (9) explica que as texturas do solo e a aplicação foliar de Zn não foram afectadas significativamente na % de azoto total das plântulas, enquanto a interação entre elas afectou significativamente a % de azoto. Os valores mais elevados (2,75 %) foram registados em cada um dos solos areno-argilosos com 114 ppm e solo argiloso com 57 ppm, enquanto o valor mais baixo (1,15 %) foi registado em solo argiloso sem pulverização de Zn.

4.3.2.3.2 Fósforo total (%)

Os resultados da tabela (9) mostram que não houve diferenças significativas entre as diferentes texturas de solo neste parâmetro, enquanto o tratamento com zinco teve um efeito significativo na percentagem de fósforo em comparação com os controlos. Observa-se que a percentagem de fósforo aumentou significativamente com o aumento da concentração de zinco, tendo o valor mais elevado (0,42%) sido registado no tratamento de 114 ppm, enquanto o valor mais baixo (0,31%) foi registado no tratamento de controlo. A interação entre as diferentes texturas do solo e as concentrações de zinco afecta significativamente a percentagem de fósforo, especialmente no solo arenoso com uma concentração de 114 ppm, em comparação com o solo argiloso, arenoso e argilo-arenoso sem tratamento foliar. O valor mais elevado (0,48%) foi registado no solo arenoso com um tratamento de 114 ppm, enquanto o valor mais baixo (0,29%) foi registado no solo argilo-arenoso sem tratamento de pulverização de zinco.

4.3.2.3.3 Potássio total (%)

Os resultados no quadro (9) mostram diferenças significativas entre diferentes texturas de solo neste parâmetro, especialmente entre solo argiloso em comparação com solo arenoso e argiloso, o valor mais elevado (1,04 %) foi registado em solo argiloso, enquanto que os valores mais baixos (0,87 e 0,90 %) foram registados em solos arenosos e areno-argilosos, respetivamente. Enquanto o tratamento com zinco mostra uma diferença significativa entre o controlo e a concentração de 114 ppm. A interação entre as diferentes texturas de solo e as concentrações de zinco afectam significativamente a percentagem de potássio, especialmente entre os solos argilosos sem pulverização foliar e com concentração de 57 ppm, em comparação com os outros tratamentos. O valor mais elevado (1,11%) foi registado nos solos argilosos com tratamentos de pulverização de 0 e 57 ppm, em comparação com os outros tratamentos.

4.3.2.3.4 Teor de zinco total (ppm)

Os resultados da tabela (9) mostram que existe uma diferença significativa entre as texturas do solo neste parâmetro, especialmente entre o solo argiloso e o solo argilo-arenoso, o valor mais elevado (91,93 ppm) foi registado no solo argilo-arenoso, enquanto que o valor mais baixo (73,84 ppm) foi registado no solo argiloso. Os tratamentos com zinco na concentração de 114 ppm tiveram um efeito significativo no zinco total em comparação com os controlos. Observa-se que o zinco total aumenta com o aumento da concentração de zinco. A interação entre diferentes texturas de solo e concentrações de zinco afectou significativamente o teor de zinco total, tendo o valor mais elevado (110,50 ppm) sido registado no solo argiloso arenoso e no tratamento de 114 ppm, enquanto o valor mais baixo (55,73 ppm) foi registado no solo argiloso sem tratamento de pulverização.

4.3.2.3.5 Sulfato total (%)

A Tabela (9) explica que as texturas do solo não foram afectadas significativamente na % de sulfato total das plântulas, e a aplicação foliar de Zn não foi afetada significativamente na % de azoto total das plântulas. A interação entre diferentes texturas de solo e concentrações de zinco afecta significativamente a percentagem de sulfato, especialmente em solo argiloso com 0, 57 ppm, o valor mais elevado (0,27%) foi registado em argila arenosa e tratamento de 57 ppm, enquanto que o valor mais baixo (0,16%) foi registado em argila com tratamento de pulverização de 57 ppm.

Quadro 9: Efeito de diferentes texturas de solo, pulverização foliar com Zinco e suas interações em algumas caraterísticas químicas das *folhas de Dalbergia sissoo.*

Treatments	Total nitrogen %	Total phosphorus %	Total Potassium %	Total Zinc (ppm)	Total sulphate %
Type of soil					
Clayey (S_1)	2.04 a*	0.38 a	1.04 a	73.84 b	0.19 a
Sandy (S_2)	2.56 a	0.40 a	0.87 b	78.03 ab	0.22 a
Sandy clay (S_3)	2.52 a	0.36 a	0.90 b	91.93 a	0.24 a
Zinc Concentration (ppm)					
Control (C_0)	2.17 a	0.31 b	0.98 a	68.48 b	0.19 b
57 (C_1)	2.43 a	0.41 a	0.94 ab	75.63 b	0.23 ab
114 (C_2)	2.52 a	0.42 a	0.90 b	99.70 a	0.24 a
Interactionbetween type of soil & zinc con.					
S_1C_0	1.15 b	0.33 b	1.11 a	55.73 d	0.17 b
S_1C_1	2.75 a	0.42 ab	1.10 a	70.60 bc	0.16 b
S_1C_2	2.22 ab	0.38 ab	0.91 b	95.20 ab	0.26 a
S_2C_0	2.73 a	0.32 b	0.92 b	61.90 cd	0.18 ab
S_2C_1	2.19 ab	0.40 ab	0.84 b	78.80 bd	0.26 a
S_2C_2	2.75 a	0.48 a	0.86 b	93.40 ab	0.22ab
S_3C_0	2.63 a	0.29 b	0.90 b	87.80 ac	0.21 ab
S_3C_1	2.33 a	0.40 ab	0.87 b	77.50 bd	0.27 a
S_3C_2	2.59 a	0.39 ab	0.93 b	110.50 a	0.23 ab

* As médias com a mesma letra ou letras não diferem significativamente ($P < 0,05$).

4.3.3 Efeito em algumas caraterísticas dos estomas.

Ao examinar a estrutura dos estomas nas plântulas de *Dalbergia sissoo* (figuras 4 e 5), tanto a epiderme abaxial como a adaxial têm estomas. O estudo anatómico (quadro 10) indicou diferenças não significativas entre as diferentes texturas do solo, a pulverização foliar com zinco e a sua interação em cada um dos números de estomas, largura dos estomas na superfície superior e inferior e comprimento dos estomas na superfície superior, respetivamente. Foram observados os mesmos resultados sobre o efeito da textura do solo e da pulverização com zinco no comprimento dos estomas na superfície inferior. A interação entre a textura do solo e a pulverização com zinco afecta significativamente esta caraterística, o comprimento dos estomas aumentou significativamente na superfície inferior das folhas das plântulas que crescem em solo argiloso e pulverizadas com 57 ppm de zinco. Este aumento foi significativo apenas nas plântulas que cresceram em solo arenoso e pulverizadas com 57 ppm de zinco.

Quadro 10: Efeito de diferentes texturas do solo, pulverização foliar com zinco e suas interações em algumas caraterísticas dos estomas nas superfícies superior e inferior da folha de *Dalbergia sissoo*.

Treatments	Stomata Number /mm^2		Stomata Length (µm)		Stomata Width (µm)	
	Upper leaf surface	Lower leaf surface	Upper leaf surface	Lower leaf surface	Upper leaf surface	Lower leaf surface
Type of soil						
Clayey (S_1)	77.56 a*	177.78 a	22.17 a	14.39 a	19.11 a	13.44 a
Sandy (S_2)	81.56 a	202.22 a	22.33 a	13.83 a	19.06 a	13.28 a
Sandy clay (S_3)	73.78 a	193.11 a	22.11 a	14.39 a	19.06 a	13.28 a
Zinc concentration (ppm)						
Control (C_0)	83.78 a	190.22 a	22.39 a	14.06 a	18.44 a	12.83 a
57 (C_1)	75.33 a	185.56 a	22.67 a	14.44 a	19.94 a	13.50 a
114 (C_2)	73.78 a	197.33 a	21.56 a	14.11 a	18.83 a	13.67 a
Interaction between type of soil & zinc con.						
S_1C_0	78.67 a	174.00 a	22.33 a	13.83 ab	18.50 a	12.83 a
S_1C_1	76.00 a	168.00 a	23.67 a	15.50 a	20.50 a	13.67 a
S_1C_2	78.00 a	191.33 a	20.50 a	13.83 ab	18.33 a	13.83 a
S_2C_0	85.33 a	197.33 a	22.17 a	13.83 ab	18.00 a	13.00 a
S_2C_1	80.00 a	206.00 a	22.33 a	13.67 b	19.33 a	13.00 a
S_2C_2	79.33 a	203.33 a	22.50 a	14.00 ab	19.83 a	13.83 a
S_3C_0	87.33 a	199.33 a	22.67 a	14.50 ab	18.83 a	12.67 a
S_3C_1	70.00 a	182.67 a	22.00 a	14.17 ab	20.00 a	13.83 a
S_3C_2	64.00 a	197.33 a	21.67 a	14.50 ab	18.33 a	13.33 a

* As médias com a mesma letra ou letras não diferem significativamente (P <0,05).

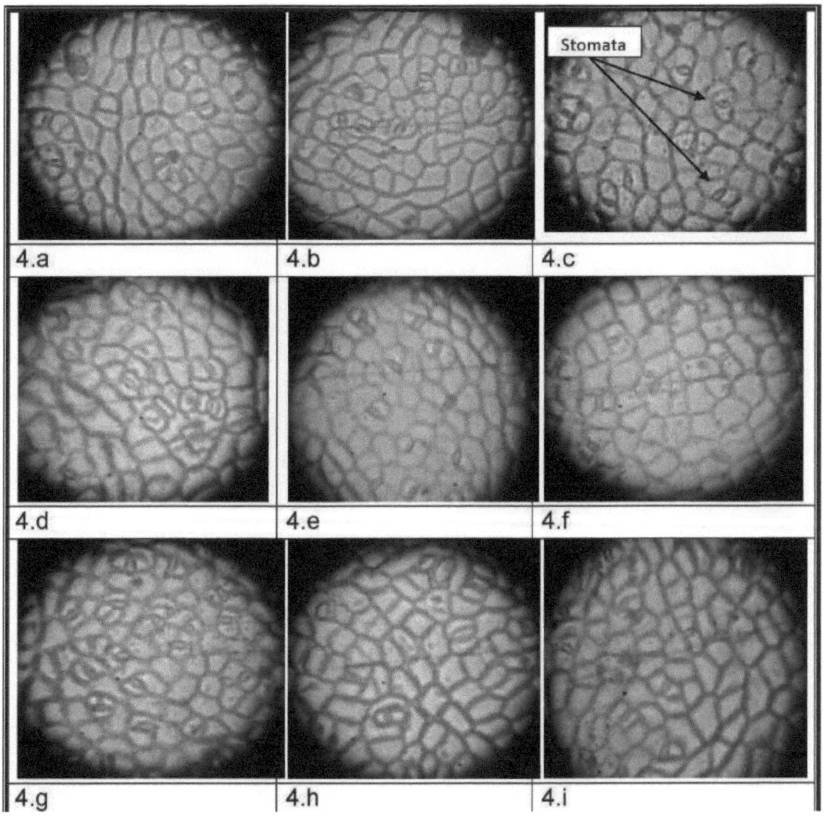

Figura 4. Superfícies superiores (adaxiais) das folhas de *Dalbergia sissoo* estomas 400X (4.a) estomas em plântulas cultivadas em solo argiloso e sem pulverização de Zinco (4.b) estomas em plântulas cultivadas em solo argiloso e pulverizadas com 57 ppm de Zinco (4.c) estomas em plântulas cultivadas em solo arenoso e pulverizadas com 114 ppm de Zinco (4.d) estomas em plântulas cultivadas em solo arenoso e sem pulverização de Zinco (4.e) estomas em plântulas cultivadas em solo arenoso e pulverizadas com 57 ppm de Zinco (4.f) estomas em plântulas cultivadas em solo argiloso e pulverizadas com 114 ppm de Zinco (4.g) estomas em plântulas cultivadas em solo argiloso arenoso e não pulverizadas com Zinco (4.h) estomas em plântulas cultivadas em solo argiloso arenoso e pulverizadas com 57 ppm de Zinco (4.i) estomas em plântulas cultivadas em solo argiloso arenoso e pulverizadas com 114 ppm de Zinco.

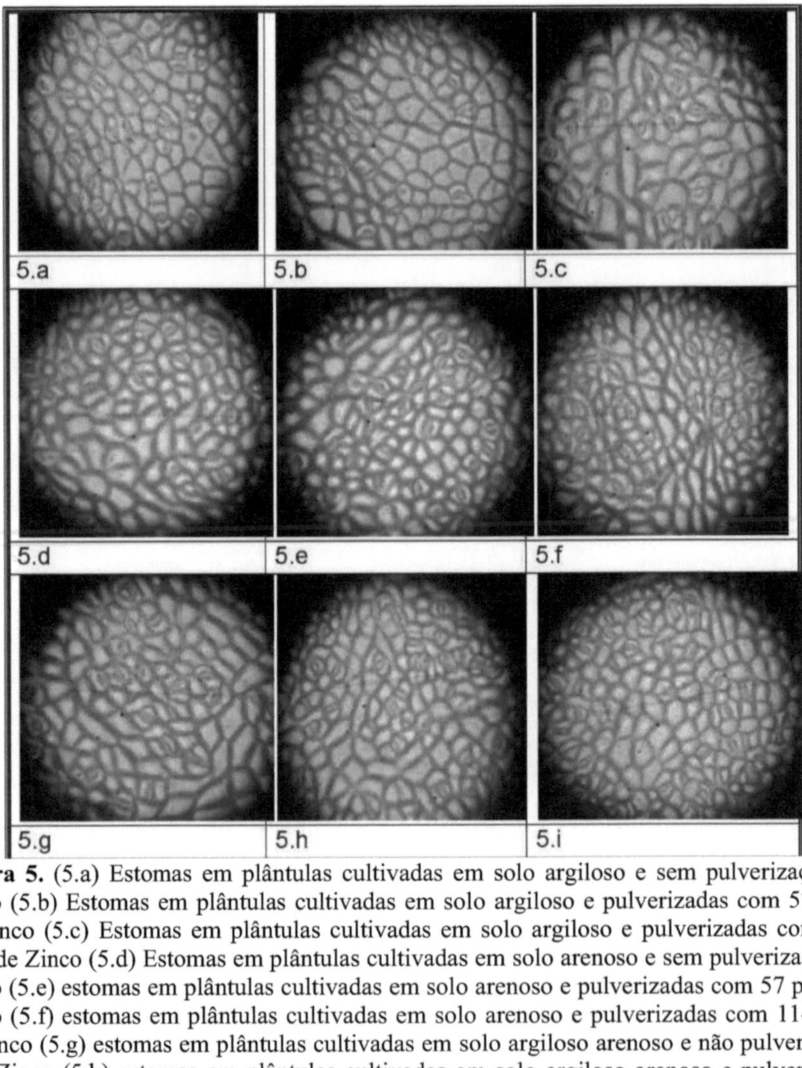

Figura 5. (5.a) Estomas em plântulas cultivadas em solo argiloso e sem pulverização de Zinco (5.b) Estomas em plântulas cultivadas em solo argiloso e pulverizadas com 57 ppm de Zinco (5.c) Estomas em plântulas cultivadas em solo argiloso e pulverizadas com 114 ppm de Zinco (5.d) Estomas em plântulas cultivadas em solo arenoso e sem pulverização de Zinco (5.e) estomas em plântulas cultivadas em solo arenoso e pulverizadas com 57 ppm de Zinco (5.f) estomas em plântulas cultivadas em solo arenoso e pulverizadas com 114 ppm de Zinco (5.g) estomas em plântulas cultivadas em solo argiloso arenoso e não pulverizadas com Zinco (5.h) estomas em plântulas cultivadas em solo argiloso arenoso e pulverizadas com 57 ppm de Zinco (5.i) estomas em plântulas cultivadas em solo argiloso arenoso e pulverizadas com 114 ppm de Zinco.

5. Discussões

Experimento: 1 Efeito da época de sementeira e de alguns pré-tratamentos na percentagem de germinação de sementes de *Dalbergia sissoo*.

Os resultados indicam que houve diferenças significativas entre as diferentes épocas de sementeira na germinação das sementes, tendo o valor mais elevado sido registado a 15 de abril de 2012, com a temperatura ideal necessária para a germinação máxima, enquanto o valor mais baixo foi registado a 15 de maio de 2012. O fracasso da primeira época de sementeira, a 15 de março de 2012, pode dever-se à neve que se precipitou e acumulou nos canteiros, dissolvendo-se em seguida. Isto pode ter levado à decomposição das sementes nos seus canteiros. Além disso, a razão da baixa percentagem de germinação em 15 de março de 2012, pode ser devido à diminuição da temperatura 6,7 C que causou a diminuição da atividade das enzimas (Salisbury e Ross, 1991). Este resultado concordou com Khera e Singh (2005) que descobriram que a germinação de sementes é fortemente influenciada pela variação da temperatura, stress hídrico e requisitos de luz. A velocidade de germinação das sementes depende também da qualidade das condições de sementeira; a velocidade tende a aumentar com o aumento da temperatura e da humidade; no entanto, temperaturas demasiado elevadas podem enfraquecer ou diminuir a atividade das sementes, e demasiada humidade pode limitar o fornecimento de ar. Em condições normais, as sementes saudáveis e não dormentes começam a emergir radicalmente após alguns dias a algumas semanas (Robbins, 2004), pelo que as sementes semeadas a 15 de maio podem ter morrido e germinado pouco. Também os resultados estão de acordo com Khera e Singh (2005). Eles mostraram que o aumento da temperatura de 20^0 C para cima atingiu o ponto máximo e depois diminuiu a temperaturas mais altas. Isto pode dever-se ao facto de, à medida que a temperatura aumenta, ocorrerem alterações na conformação das proteínas que, na realidade, promovem o processo de germinação. Mas, à medida que as temperaturas se tornam demasiado elevadas, ocorrem outras alterações conformacionais que são prejudiciais para o processo.

Muitas espécies de sementes têm um revestimento duro que é impermeável à água. No entanto, após um período de tempo suficiente no solo, com calor, humidade e ação dos organismos do solo, o revestimento torna-se permeável, a água pode entrar na semente e a germinação começa. Estas sementes são típicas das leguminosas. O revestimento duro da semente assegura que as sementes germinarão apenas quando as chuvas tiverem começado corretamente, e não depois de uma chuva ocasional durante a estação seca (Robbins, 2004). Alguns pré-tratamentos têm um efeito significativo na germinação das sementes. O valor mais alto foi registado no corte de ambos os lados da vagem com imersão em água normal durante 24 h, o que leva a um movimento mais rápido da água para as sementes, o valor mais baixo foi registado no controlo (vagens não tratadas). Os resultados concordam parcialmente com Singh e Kaushik (2011); Sheikh e Matin (2007) que estudaram a embebição de sementes *de D. sissoo* em água durante 24 horas à temperatura ambiente, o que levou a um aumento da germinação das sementes.

A interação entre a época de sementeira e alguns pré-tratamentos afectou significativamente a germinação das sementes, tendo o valor mais elevado sido registado no corte de ambos os lados da vagem com imersão em água normal durante 24 h e sementeira a 15 de abril de 2012.

Experiência: 2 Efeito de diferentes texturas de solo na sobrevivência das plântulas e em algumas caraterísticas de crescimento vegetativo de *Dalbergia sissoo* .

O crescimento das plantas depende em grande medida das propriedades químicas e físicas do meio de cultura; o solo deve ser bem drenado e, no entanto, reter água suficiente para reduzir a frequência da rega. Outros parâmetros a considerar incluem o custo e a disponibilidade. A seleção dos componentes adequados do solo é fundamental para o êxito da produção de plantas.

Foram encontradas diferenças significativas entre as diferentes texturas de solo na percentagem de sobrevivência das plântulas, no número de folhas das plântulas e na altura das plântulas. Verificou-se que o solo argilo-arenoso apresentou o valor mais elevado, enquanto o valor mais baixo foi obtido em solo argiloso. Os resultados concordam com Vishnoi, *et al.* (2010), que observaram que o solo franco-arenoso a arenoso foi a condição de solo mais adequada para o crescimento de *D. sissoo*.

Estes resultados foram obtidos porque os solos arenosos drenam facilmente, pelo que o encharcamento não constitui um problema, a sua estrutura aberta significa que são fáceis de trabalhar e aquecem rapidamente na primavera, permitindo semear e plantar mais cedo. No entanto, os solos arenosos secam muito rapidamente e os nutrientes são facilmente arrastados pelo solo, enquanto os solos argilosos são pesados e difíceis de trabalhar, são lentos a aquecer na primavera, pegajosos quando molhados e muito duros quando secos, os solos argilosos retêm bem a humidade e os nutrientes e permanecem quentes. (Mazhar, 2010).

Experimento: 3 Efeito de diferentes texturas de solo e pulverização foliar com zinco no crescimento vegetativo *de Dalbergia sissoo*, no conteúdo químico das folhas e em algumas caraterísticas estomáticas.

Os resultados mostraram diferenças significativas entre as diferentes texturas de solo na altura das plântulas, número de folhas das plântulas, área foliar, comprimento da raiz principal das plântulas, peso húmido do rebento, peso seco do rebento, peso húmido da raiz e peso seco da raiz. O solo argiloso arenoso foi superior ao solo argiloso na estimulação do crescimento morfológico. Os quadros (5 e 6) mostram que o solo argiloso arenoso aumentou significativamente todos os parâmetros de crescimento em comparação com o solo argiloso, que apresentou os valores mais baixos, exceto a caraterística da área foliar, que aumentou no solo arenoso, enquanto o solo arenoso apresentou valores moderados a este respeito, podendo este efeito ser atribuído às propriedades físicas e químicas do solo. Os resultados estão de acordo com Mazhar, *et al.* (2010), porque o solo arenoso é poroso, a absorção de iões é mais fácil, enquanto alguns iões aderem às partículas do solo argiloso; além disso, os solos arenosos secam muito rapidamente e os nutrientes são facilmente arrastados através do solo, enquanto os solos argilosos retêm bem a humidade e os nutrientes e são lentos a arrefecer, grande parte da água que contêm não estará disponível para as plantas e, no inverno, são propensos a alagamento (James e Michael, 2009).

A aplicação foliar de zinco nas folhas teve um efeito significativo no aumento do número de ramos por plântula. Verificou-se que a pulverização de sulfato de zinco aumentou a concentração de fósforo, potássio, sulfato e zinco nas folhas. Estes resultados concordam parcialmente com os obtidos por Al-Aareji e Al- Hamadany (2009) e Al-Imam e Al-Jubury (2008).

A interação entre as diferentes texturas do solo e a pulverização de zinco afectou significativamente alguns parâmetros de crescimento vegetativo, como o número de ramos por plântula, a área foliar, o comprimento da raiz principal da plântula, o peso húmido e seco do rebento, o peso húmido e seco da raiz e a matéria seca do rebento, estes resultados concordam parcialmente com Ayad, *et al,* (2010), que confirmam que a pulverização de zinco aumentou o crescimento vegetativo do *pelargonium graveolens* L. e que foi observado um aumento significativo das caraterísticas químicas (hidratos de carbono totais, azoto, fósforo, potássio, sulfato total, zinco total) em solos arenosos e argilosos com o aumento da concentração de zinco. Os resultados também concordam parcialmente com Khalifa, *et al.*, (2011); Al-Aareji e Al-Hamadany (2009) e Al-Imam e Al- Jubury (2008).

Há vários exemplos que demonstram que a aplicação de fertilizantes com Zn ou de fertilizantes NPK enriquecidos com Zn nas culturas melhora não só a produtividade, mas também a concentração de Zn nos grãos das plantas (Hamsa e Puttaiah , 2012). O zinco, que está intimamente envolvido no metabolismo, leva à estimulação de hidratos de carbono, proteínas e formação de ADN. Várias enzimas são frequentemente activadas pelo Zn, o que, por conseguinte, tem um efeito considerável na síntese de proteínas. O zinco tem três funções: Catalítica, co-catalítica e estrutural. (Rahdari, *et al.,* 2013). A enzima álcool desidrogenase diminuiu por deficiência de zinco nas plantas; Como resultado, o desenvolvimento da raiz foi reduzido (Gokhan, *et al.,* 2003 e Marschner, 1995). Átomo de zinco que catalisa a hidratação do CO_2 . A localização da atividade da enzima é nos cloroplastos e no citoplasma e a atividade da enzima depende do valor de zinco na planta. As principais funções desta enzima são: desidratação do dióxido de carbono, aumento da absorção de dióxido de carbono por unidade de área foliar, aumento da fotossíntese e da produção de biomassa. (Marschner, 1995; Dell e Wilson, 1985 e Ohki, 1976). As plantas necessitam de Zn para a formação do aminoácido triptofano, que consiste na hormona ácido indol acético (IAA), essencial para regular o alongamento celular, o fototropismo, o geotropismo, a dominância apical, a iniciação radicular e a produção de etileno. Para manter o crescimento normal das plantas, o zinco ajudará a manter os níveis de IAA na planta e promoverá o crescimento, o enraizamento e a saúde.

O zinco contribui para a produção de importantes reguladores de crescimento que afectam a fotossíntese, o novo crescimento e o desenvolvimento das raízes. O zinco promove o crescimento celular necessário para aumentar o desenvolvimento das raízes, a formação de novas folhas e o crescimento vigoroso dos rebentos (Obaid & Al-Hadeth, 2013 e Wheeler e Peterson, 2006). O zinco está intimamente envolvido no metabolismo do azoto das plantas. Em plantas com deficiências de zinco, a síntese de proteínas e os níveis de proteína são drasticamente reduzidos, enquanto os aminoácidos se acumulam. A acumulação de aminoácidos ocorre porque o zinco desempenha um papel importante ao ajudar diferentes combinações de aminoácidos a ligarem-se para formar enzimas e proteínas. Sem níveis adequados de zinco, a planta é incapaz de sintetizar as várias enzimas e proteínas, causando assim uma acumulação de aminoácidos. O zinco é um componente estrutural do ribossoma (Metalosate, 2003).

Estes resultados estão de acordo com Artik (2005), que afirma que o número de estomas na superfície inferior é superior ao número de estomas na superfície superior. Estes resultados também estão de acordo com Ricciardi, *et al.* (1986) que menciona que as caraterísticas dos estomas, como o número, comprimento e largura, são afectadas pela constituição genética, estação do ano, posição da folha e superfície da folha (superior ou inferior).

Conclusões

Dos resultados obtidos, podem ser extraídas as seguintes conclusões (região do Curdistão - distrito de Koya)

1- A melhor época de sementeira no distrito de Koya é 15 de abril, em campo aberto.
2- O melhor pré-tratamento que afecta a germinação das sementes é o corte de ambos os lados da vagem com imersão em água normal durante 24 h.
3- O solo argiloso arenoso é uma textura adequada para a sobrevivência das plântulas *de Dalbergia sissoo*.
4- A pulverização foliar com zinco afectou algumas caraterísticas de crescimento vegetativo, bem como caraterísticas químicas das plântulas, especialmente na concentração mais elevada de 114 ppm em campo aberto.
5- A interação entre a pulverização foliar com zinco e as diferentes texturas do solo aumentou significativamente a maioria das caraterísticas de crescimento vegetativo e a maioria das caraterísticas químicas das plântulas, enquanto a interação entre o solo argilo-arenoso e 57 ppm deu os valores mais elevados.

Recomendações

1- Realização desta experiência em diferentes locais das províncias do Curdistão (Erbil, Sulaimanya e Duhok).
2- Realização da época de sementeira e de algumas experiências de pré-tratamento noutras condições, como casas de vegetação e de plástico.
3- São necessários mais estudos utilizando outras concentrações de zinco, que podem dar melhores resultados, e utilizando outros elementos.
4- São necessários mais estudos utilizando alguns adaptadores do solo, como fertilizantes químicos e biológicos, estrume de vaca, de ovelha e de galinha, turfa e húmus.
5- Recolha das vagens em dezembro ou janeiro, porque amadurecem nessa altura.
6- Testar as vagens que contêm mais do que uma semente.

Apêndice (1): Plântula *de Dalbergia sissoo* em 30/8/2012 antes da pulverização de Zinco

Apêndice (2): Plântula *de Dalbergia sissoo* em 1/10/2012 após pulverização de Zinco

Referências

- Ahmadloo, F.; M. Tabari; H. Yousefzadeh; Y. Kooch e A. Rahmani (2012). Efeitos dos nutrientes do solo no desempenho das mudas de cipreste do Arizona e cipreste mediado. Ann. Biol. Res., 3 (3): 1369-1380.
- Ahmed, N.; M. A. Ali; M. Abid e F. A. Hussain (2012). Efeito da fertilização com zinco na produção de matéria seca e composição mineral do algodão irrigado. Quaid- e-Azam Univ. Islamabad, Paquistão.
- Al-A'areji, J. M. e R. E. Al-Hamadany (2009). Estudo da resposta de transplantes de Pêssego coronet à pulverização foliar com Zinco e Ácido Ascórbico. Al-Rafidain. J. Agric., 37(2). (Em árabe).
- Al-Barzinji, I. M. e A. M. Anwer (2010). Comparação entre duas variedades de favas *Vicia faba* L. em algumas caraterísticas de crescimento, estomas, rendimento e componentes do rendimento. J. da Universidade de Koya. 17: 549-562.
- Al-Barzinji, I. M. e R. J. Hama (2012). Efeito da irrigação com água mag netizada e pulverização de extrato de alcaçuz em algumas caraterísticas fisiológicas das folhas de pepino *(Cucumis sativus* L.) e na qualidade dos frutos em condições de estufa. J. of Kirkuk University for Agric. Sci. 3(1): 20-33.
- Al-Imam, N. M. A. e Y. M. S. Al-Jubury (2008). Resposta de transplantes de pistácio de Aleppo CV. Ashoury *(Pistacia vera* L.) a diferentes meios de cultivo e pulverização com ácido giberélico e zinco: sobre o crescimento e a concentração de alguns minerais na folha. Al- Rafidain. J. Agric., 36(4). (Em árabe).
- Allen, S. E.; H. M. Grimshaw; J. A. Parkanson e C. Qumby (1974). Chemical Analysis of Ecoligical Materials (Análise Química de Materiais Ecológicos). Black Well Scientific Publications.
- Al-Saadi, A. J. H.; A. Gh. M. Al- Kazaz; H. A. Al-Saadi e S. S.Yahiya (2012). Papel do azoto e do zinco no estado nutricional da planta de feno-grego *(Trigonella foenum - graecum* L.). J. of Karbala Univ. Sci., 10(2):145-151. (Em árabe).
- Al-Sahaf, F. H.(1989). Applied Plant Nutrition. Ministério do Ensino Superior e da Investigação Científica, Universidade de Bagdade. Casa Al-Hikma. Iraque. (Em árabe).
- Al-Kazaz, A. Gh. M. (2012). Influência da aplicação foliar de azoto e zinco no crescimento e rendimento da planta de feno-grego *(Trigonella foenum-graecum* L.). J. of Karbala Univ. Sci., 10 (1): 39- 45. (Em árabe).
- Aref, I. M.; H. A. El Atta; Th. Al-Shahrani e A. I. Mohamed (2011). Efeitos do pré-tratamento de sementes e da fonte de sementes na germinação de cinco Acacia spp. African J. Biotech., 10(71): 15901-15910.
- Artik, C. (2005). Os efeitos da radiação gama em algumas caraterísticas da planta e na produção de sementes de fava *(Vicia faba* L.) nas gerações M1 e M2. Dissertação de mestrado, Universidade Ondokuz Mayis, Samsun-Turquia, pp: 88.
- Ayad, H. S; F. Reda e M. S. A. Abdulla (2010). Efeito da putrescina e do zinco no crescimento vegetativo, pigmentos fotossintéticos, peroxidação lipídica e teor de óleo essencial da germinação *(Pelargonium graveolens* L.).World. J. Agric. Sci., 6(5): 601608.
- Azad, Md. S.; Md. Z. Al-Musa e Md. Abdul Matin (2010). Efeitos dos tratamentos de pré-sementeira na germinação de sementes de *Melia azedarach.* J. Forest. Res., 21(2): 193-196.
- Azad, Md. S.; M. R. Manik; Md. Sh. Hasan e Md. Abdul Matin (2011). Efeito de diferentes tratamentos de pré-sementeira na percentagem de germinação de sementes e no desempenho de crescimento de *Acacia auriculiformis.* J. Forest. Res., 22(2):183-188.
- Azad, Md. S.; R. K. Biwas e Md. Abdul Matin (2012). Germinação de sementes de

Albizia aprocera (Roxb.) Benth. No Bangladeche: uma base para a variação da fonte de sementes e o efeito do tratamento de pré-sementeira. Estudos florestais na China,14 (2): 124-130.

- A. O. A. C. (1970). Métodos oficiais de análise. 11ª edição. Washington. D.C. Association of the official analytical chemis. pp 1015.
- Bharath, M.; E. L. R.Tulasi; K. Sudhakar e M. Ch. Eswaraiah (2013). *Dalbergia sissoo* - uma importante planta medicinal. Int. J. Res. Farmácia e Química. 3(2), 2231-2781, www.ijrpc.com
- Bierhuizen, J. F.; J. M. Bierhuizen e G. F.P. Martakis (1984). The effect of light and CO_2 on photosynthesis of various pot plants. Gartenbauwissenschaft, 49: 251257.
- Brownlee, C. (2001). The long and short of stomatal density signals. Trends Plant Sci. 6: 441-442.
- Casson, S. e J. E. Gray (2008). Influência dos factores ambientais no desenvolvimento dos estomas. New phytologist, 178: 9-23.
- Dell, B. e A. S. Wilson (1985). Efeito do fornecimento de zinco no crescimento de três espécies de mudas *de* eucalipto e *trigo*. Plant Soil, 88:377-384.
- Dhakal, A. (2008). Silviculture a nd productivity of five economically important timber species of central terai of Nepal (Silvicultura e produtividade de cinco espécies de madeira economicamente importantes do terai central do Nepal). ITTO, Japão e NAF, Nepal. pp:18.
- Gokhan, H.; L. Ozturk; I. Cakmak; R. M. Welech e L.V. Kochian (2003). Variação genotípica no feijão comum em resposta à deficiência de zinco em solo calcário. Plant and Soil, 176: 265-272.
- Gupta, P. K. (2004). Análise de Solos, Plantas, Água e Fertilizantes. Quarta edição. Agrobios, Índia.
- Hamad, Sh. O. (2010). Efeito de alguns pré-tratamentos e épocas de semeadura e transplante nas mudas florestais produzidas a partir de Leguminales em diferentes condições e meios de solo. Dissertação de mestrado, Departamento de produção vegetal, Faculdade de Agricultura, Universidade de Salahaddin, Região do Curdistão iraquiano. pp 86. (Em árabe).
- Hamsa, A. e E.T. Puttaiah (2012). Efeito residual do zinco e do boro no crescimento e rendimento do feijão francês *(Phaseolus vulgaris* L.)
- Sistema de cultivo de arroz *(Oryza sativa* L.). Int. J. Environ. Sci., 3(1).
- Hussain, N.; M. B. Khan; R. Ahmad; M. A. Ali; N. Ahmad e Sh. Saeed (2011). Caraterísticas físico-químicas, produtividade e rendimento líquido do trigo afectados pelas necessidades de fósforo e zinco em climas áridos. Pak. J. Bot., 43(2): 9911002.
- http://www.public.asu. dalbergiasissoo.html.
- James, A. R. e R. E. Michael (2009). Meios de cultura para produção em contentor em estufa ou viveiro. Agriculture and Natural. http://www.uaex.edu.
- Jones, J. B. (1930). Laboratory guide for conducting soil tests and plant analysis. Boca Raton Londres Nova Iorque Washington, D.C.
- Joslyn, M. A. (1970). Method in Food Analysis Physical, Chemical and Instrumental Methods of Analysis 2nd ed. Academic press, Nova Iorque e Londres.
- J0ker, D. (2002): *Dalbergia sissoo* Roxb. ex DC. Folheto de sementes, Danida Forest Seed Centre, Dinamarca 65: 2 pp.
- Kalra,Y. P. (1998). Método de referência para a análise de plantas. Taylor and Francis Group, LLC, 153-155.
- Khalifa, R. Kh. M.; S. H. A. Shaaban e A. Rawia (2011). Efeito da aplicação foliar de sulfato de zinco e ácido bórico no crescimento, rendimento e constituintes químicos das

plantas de íris. Ozean J. Appl. Sci., 4(2): 129-144.
• Khan, M. L. e R. S. Tripathi (1987). Ecology of forest trees of meghalaya: seed germination, and survival and growth of *Albizia lebbeck* seedlings in nature. Indian J. Forest, 10 (1): 38-43.
• Khan, B. M.; M. A. Hossain; M. M. Hossain e M. K. Hossain (2004). Performance of Eleven Multipurpose Tree Legume Seedlings Grown in the Hill Soils under Nursery Conditions in Bangladesh (Desempenho de onze plântulas de leguminosas arbóreas polivalentes cultivadas em solos de colina em condições de viveiro no Bangladesh). Int. J. Agric. & Biol.,6 (2): 346-349.
• Khera, N. e R. P. Singh (2005). Germinação de algumas espécies de árvores polivalentes em cinco proveniências em resposta à variação da luz, temperatura, substrato e stress hídrico. Int. Soc. Tropi. Ecol., 46(2): 203-217.
• Kusmana, C. (2009). O crescimento de Rhizophora mucronata e Avicennia marina plantadas com a técnica de Guludan na zona costeira de Jacarta. Departamento de Silvicultura, Faculdade de Silvicultura, Bogor Agric. Univ. (IPB), Indonésia.
• Lahijie, M. F. (2012). Aplicação de micronutrientes $FeSO_4$ e $ZnSO_4$ no crescimento e desenvolvimento da variedade de gladíolo "Oscar". Int. J. Agric. &Crop Sci., 4(11): 718720.
• Lal, H. Sh. e S. Singh (2012). Usos etnomedicinais de *Dalbergia sissoo* Roxb em Jharkhand. Int. J. Ayurvedic & Herbal Medicine, 2(1): 198-201.
• Marschner, H. (1995). Nutrição mineral de plantas altas. Academic Press, 330 - 355.
• Mazhar, A. A. M.; N. G. Abd El- Aziz e E. El. Habba (2010). Impacto de diferentes meios de solo no crescimento e constituintes químicos de mudas *de Jatropha curca* L. cultivadas sob regime hídrico. J. Amer. Sci., 6 (8): 549-556.
• Mazher, A. A. M.; S. M. Zaghloul e A. A.Yassen (2006). Respostas de *Dalbergia sissoo* à aplicação de enxofre em condições salinas. Amer. Eurasian J. Environ. Sci., 1(3): 215-224.
• Metalosate (2003). Foliar Plant Nutrition I nformation é uma publicação da Albion Advanced Nutrition 101 North Main Street Clearfield, USA, 4(1), http://www.albion-n.com.
• Mousavi, S. R. (2011). Zinco na produção de culturas e interação com o fósforo. Australian J. Basic & Appl. Sci., 5(9): 1503-1509.
• Muhammed, M. Q. (2004). Efeito do zinco e da sua interação com duas auxinas (IAA e NAA) no crescimento e desenvolvimento da ervilha *(pisum sativumL.).* Var. Little Marvel. Dissertação de mestrado, Faculdade de Biologia, Universidade de Salahaddin, Região do Curdistão Iraquiano.
pp 108. (Em árabe).
• Mukerjee, S. K.; T. Saroja e T. R. Seshadri (1971). "Dalbergichromene: um novo neoflavonóide da casca do caule e do cerne de *Dalbergia sissoo*". Tetrahedron 27 (4): 799-803.
• Nayf, A. Sh. (2008). Efeito da fertilização azotada e da aplicação foliar com elementos de ferro e zinco no crescimento, rendimento e qualidade do alho *(Allium sativum* L.). Tese de mestrado, Departamento de Horticultura, Faculdade de Agricultura, Universidade de Bagdade. pp 112. (Em árabe).
• Obaid, E. A. e M. E. A. Al-Hadethi (2013). Efeito da aplicação foliar com manganês e zinco no crescimento, rendimento e qualidade dos frutos da romã. J. Hort. Sci. & Ornamen. Plants, 5 (1): 41-45
• Ohki. K. (1976). Efeito da nutrição com zinco na fotossíntese e na atividade da

anidrase carbónica no algodão. Plant Physiol, 38: 300-304.

- Orwa, C.; A. Mutua; R. Kindt; R. Jamnadass e A. Simons (2009). Base de dados Agroforestree: um guia de referência e seleção de árvores. versão 4.0, http://www.worldagroforestry.org
- Rahdari, P.; S. M. Hoseini e S. Movafegh (2013). Alteração no processo metabólico de *Glysine max* L., acompanhando as mudanças na taxa de "Zn". Int. J. Agro & Plant Production. 4 (3): 589-594.
- Rai, P. e R. M. Mishra (2013). Efeito da poluição atmosférica urbana nas caraterísticas epidérmicas de espécies de árvores à beira da estrada, *Pongamia pinnata* (L.) J. Environ. Sci., Toxicology & Food Techn., 2(6): 04 - 07.
- Rana, H.S. e T.R. Chadha (1990). Relação entre a densidade estomática e o vigor em clones de algumas espécies de Prunus. Actas do XXIII Int. Hort. Cong. Firenze (Itália) Abst. de artigos de contribuição n.º 1232.
- Ranganna, S. (1977). Manual of Analysis of Fruit and Vegetable Products. Tata Mc Grow-Hill Publishing Company Limited. New Delhi. Índia.
- Reza A. H. (2006). Design of Experiments for Agriculture and the Natural Sciences. Chapman & Hall ICRC. Nova Iorque. pp 437.
- Ricciardi, L.; A. Filippetti e F. Torre (1986). Melhoramento de plantas para o stress da seca: l. Variabilidade estomática em *Vicia faba* L. Gene. Agraria, 40: 470-470. (In: Peksen, E.; A. Peksen e C. Artik, 2006. Comparação das caraterísticas foliares e estomáticas da fava *Vicia faba* L.). J. Boil. Sci. 6:360-364).
- Robbins, A. M. J. (2004). Baseado no texto e gráficos em: an outline of tree seed biology with special reference to seed handling in Nepal. Nota técnica no. 6 Projeto Nacional de Sementes de Árvores HMG/EEC/ODA.
- Ryan, J. e G. E. Rashid (2001). Manual de laboratório de análise de solos e plantas. 2nd edition. Centro Nacional de Investigação Agrícola (NARC) Islamabad, Paquistão.
- Sah, S. P.; P. K. Jha e N. Lamersdorf (2002). Nutrient status of natural and healthy sissoo forest and declining plantation sissoo forest *Dalbergia sissoo* (Roxb.) in Nepal. J. Forest. Sci., 48(10): 459 - 466.
- Sah, S.P.; S. K. Upadhyay; P. Pandit e J. B. Lilles (2003). Effects of soil on sissoo *Dalbergia sissoo* (Roxb.) growth in a plantation forest of Nepal. Indian Forester, 129(9): 1059 - 1068.
- Saha, S.; J. A. Shilpi; H. Mondal; F. Hossain; Md. Anisuzzman; Md. M. Hasan e G. A. Cordell (2013). Perfil etnomedicinal, fitoquímico e farmacológico do género DalbergiaL. (Fabaceae). Inforesights Publishing UK. 4(2): 291-346.
- Saini, Sh. e S. Sharma (2012). *Dalbergia sissoo:* uma visão geral. Int. J. Pharma Professional's Res., 3(1): 548 -549.
- Salisbury, F. B. e C.W. Ross. (1991). Plant Physiology. 4th Edition. Wadsworth Publishing Company, Belmont, Califórnia, EUA. pp. 682.
- Savannakher (1996). 35 Espécies de Árvores Potenciais para Plantação no LAOS. Programa de Gestão e Conservação Florestal LAO P. D. R.-Finlândia-Banco Mundial.
- Sayyad-Amin, P. e A. R. Shahsavar (2012). A influência da ureia, do ácido bórico e do sulfato de zinco nas caraterísticas vegetativas da *oliveira.* J. Biol. Environ. Sci., 6(16): 109-113.
- Shaltout, K. H. e A. E. Keshta (2011). A biologia das plantas perenes lenhosas egípcias, *Dalbergia sissoo* (Roxb.). Ass. Univ. Bull. Ass. Univ. Bull. Res., 14 (2): 131 - 153.
- Sheikh, A. H.; M. Abdul Matin e S. N. Uddin (2006). Desempenho do crescimento

das plântulas de *Dalbergia sissoo* (Roxb.) durante a fase de viveiro no Bangladesh. J. Appl. Sci. Res., 2(11): 1047 - 1052.

- Sheikh, A. H. e M. Abdul Matin (2007). Estudos de Morfologia e Germinação de Sementes de *Dalbergia sissoo* (Roxb.) na Fase de Viveiro no Bangladesh. Res. J. Agric. & Biol. Sci., 3(1): 35-39.
- Singh, M. J. e J. C. Kaushik (2011). Efeito de diferentes meios de solo no parâmetro de crescimento de quatro espécies de árvores leguminosas em estufa e viveiro. Congresso Florestal Indiano 22-25 Nov. Tema 2- Silvicultura numa economia em expansão 137 2.6.7 (Poster).
- Tucker, M. R. (1999). Nutrientes essenciais para as plantas: A sua presença nos solos da Carolina do Norte e o seu papel na nutrição das plantas. P: 2-9.
- Vasconcelos, A. C. F.; C.W. A. Nascimento e F. F. C. Filho (2011). Distribuição de zinco em plantas de milho em função do suprimento de Zn no solo e foliar. Int. Res. J. Agric. Sci. and Soil Sci., 1(1): 1-5.
- Vishnoi, R.; G. S. Rajwar e P. C. Kuniyal (2010). Efeito de diferentes rácios de areia e solo no crescimento de *Terminalia arjuna.* New York Sci. J. 3(11): 22 - 26.
- Watson, D. J. e M. A. Watson (1953). Estudos fisiológicos comparativos sobre o crescimento das culturas arvenses. III- Efeito da infeção com amarelo de beterraba. Ann. Appl. Biol., 40(1).
- Webb, E. L. e Sh. Md. Y. Hossain (2000). *Dalbergia sissoo* mortality in Bangladesh plantations: correlations with environmental and management parameters (Mortalidade de *Dalbergia sissoo* nas plantações do Bangladesh: correlações com parâmetros ambientais e de gestão). Escola de Ambiente, Recursos e Desenvolvimento, Instituto Asiático de Tecnologia. Tailândia.
- Wheeler, J. e K. Peterson (2006). Gel de carboximetilcelulose reticulado com zinco e ácido acético. Relatório Técnico Público ACRE Inc.pp 8.

More Books!

yes

I want morebooks!

Buy your books fast and straightforward online - at one of world's fastest growing online book stores! Environmentally sound due to Print-on-Demand technologies.

Buy your books online at
www.morebooks.shop

Compre os seus livros mais rápido e diretamente na internet, em uma das livrarias on-line com o maior crescimento no mundo! Produção que protege o meio ambiente através das tecnologias de impressão sob demanda.

Compre os seus livros on-line em
www.morebooks.shop

info@omniscriptum.com
www.omniscriptum.com

OMNIScriptum

MIX
Papier aus verantwortungsvollen Quellen
Paper from responsible sources
FSC® C105338

Printed by Books on Demand GmbH, Norderstedt / Germany